Alim Nisa
Sajawal Ashraf
Fatima Sajjad

Le margousier: Un cadeau sacré de la nature

Le margousier: Un cadeau sacré de la nature

Alim Nisa
Sajawal Ashraf
Fatima Sajjad

Le margousier: Un cadeau sacré de la nature

MARGOUSIER MAJESTUEUX

ScienciaScripts

Imprint

Any brand names and product names mentioned in this book are subject to trademark, brand or patent protection and are trademarks or registered trademarks of their respective holders. The use of brand names, product names, common names, trade names, product descriptions etc. even without a particular marking in this work is in no way to be construed to mean that such names may be regarded as unrestricted in respect of trademark and brand protection legislation and could thus be used by anyone.

Cover image: www.ingimage.com

This book is a translation from the original published under ISBN 978-620-3-85934-8.

Publisher:
Sciencia Scripts
is a trademark of
Dodo Books Indian Ocean Ltd., member of the OmniScriptum S.R.L Publishing group
str. A.Russo 15, of. 61, Chisinau-2068, Republic of Moldova Europe
Printed at: see last page
ISBN: 978-620-4-03507-9

Table des matières

<u>Neem majestueux</u>

Introduction

Le margousier ou Azadirachta indica est une espèce de plante médicinale aux multiples facettes qui est largement répandue dans la zone subcontinentale, notamment dans de nombreux États de l'Inde, du Pakistan et du Sri Lanka. Mais en raison de son immense potentiel médicinal et économique, il a été transféré dans les zones tropicales et subtropicales où il est cultivé. Le margousier possède des propriétés majestueuses et est considéré comme une riche source de limonoïdes, de certains acides aminés essentiels et de plusieurs acides gras. De plus, le margousier est considéré comme l'arbre du paradis en raison de ses énormes aspects bénéfiques, y compris ses produits tels que l'huile de margousier utilisée à des fins médicinales, le gâteau de margousier et l'extrait de noyau de margousier, qui sont largement utilisés dans l'agriculture ou l'agroforesterie.

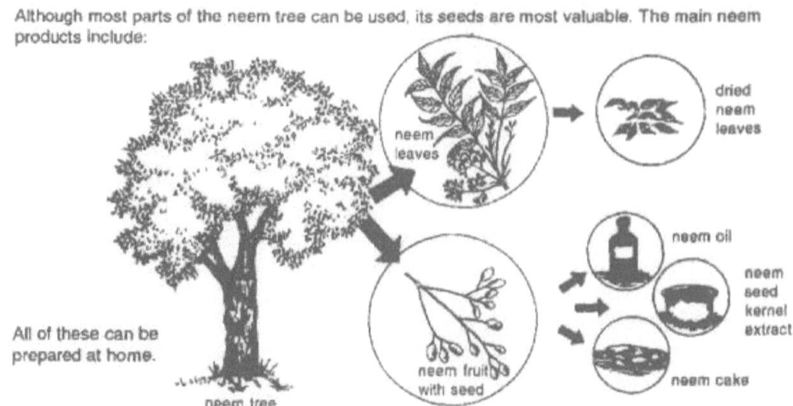

Figure 1: Le majestueux arbre Neem avec ses produits.

Qu'est-ce que le Neem ?

Dans la terminologie botanique, le margousier est connu sous le nom d'*Azadirachta indica*. Ce mot est dérivé du mot farsi *"Azad diraklzat-I-Hind"* qui signifie l'arbre noble ou libre de l'Inde, car cet arbre est exempt de maladies et de parasites et ne nuit pas à l'environnement. **(Ahmed, 1995). Le** margousier ou Azadirachta indica est connu comme l'une des espèces les plus bénéfiques pour les êtres humains. Le margousier est communément appelé Margosa ou lilas indien. Le margousier est considéré comme l'arbre le plus polyvalent des tropiques, avec une grande diversité, une grande polyvalence et un immense potentiel. Le neem appartient à la famille des Meliaceae et est considéré comme un cousin botanique de l'acajou.

Figure 2: Classification de l'arbre de Neem.

Le margousier est l'un des arbres à feuillage persistant à croissance la plus rapide, qui peut atteindre une hauteur d'environ 15 à 20 mètres, mais dans des conditions très favorables, le margousier peut atteindre environ 30 à 35 mètres. Les branches du margousier sont largement distribuées ou étalées dans le sol. Leur couronne dense est ovale ou arrondie, dans les vieux spécimens libres, elle peut atteindre un diamètre d'environ 15-20 mètres avec un tronc relativement court ayant une circonférence d'environ 1,5-3,5 mètres. L'écorce du Neem est généralement dure, écailleuse ou fissurée, d'apparence gris blanchâtre à brun rougeâtre. Son bois de cœur est de couleur rougeâtre tandis que son bois de sève est d'apparence blanc grisâtre. En ce qui concerne son système racinaire, le margousier comprend des racines latérales bien développées et un système racinaire pivotant puissant. Les racines latérales de surface du margousier peuvent atteindre jusqu'à 18 mètres ou plus. Les racines du margousier sont généralement associées à la mycorhize à arbuscules vésiculaires, c'est pourquoi le margousier est considéré comme une espèce végétale dépendant de la mycorhize à arbuscules vésiculaires. En ce qui concerne les feuilles du margousier, elles sont généralement non appariées, pennées et mesurent environ 20 à 30 cm de long. Les folioles vert foncé atteignent environ 3 à 8 cm de long et sont généralement au nombre de 31. Leurs pétioles sont courts et leur feuille terminale n'est généralement pas présente et la forme des folioles est généralement moins ou plus asymétrique dans la nature. Les fleurs du Neem sont blanches et sont disposées en forme axillaire avec des panicules tombantes qui peuvent atteindre une longueur d'environ 25 cm. Les fruits du margousier sont des drupes ressemblant à des olives, d'apparence verdâtre à un stade plus jeune et d'apparence vert jaunâtre à rougeâtre lorsqu'ils deviennent matures, leurs fruits peuvent varier en forme ou en longueur, généralement d'un ovale allongé à un rond. La surface intérieure du fruit est très fibreuse et contient une pulpe amère et sucrée d'une épaisseur d'environ 0,3 à 0,5 cm, tandis que la partie extérieure du fruit est l'exocarpe, qui est mince et élastique. Le margousier est généralement pleinement productif au bout de 10 ans, alors qu'il commence à produire des fruits à l'âge de 3 à 5 ans. On estime qu'il peut produire près de 50 kg de fruits par an et peut survivre jusqu'à 2 siècles ou plus.

Figure 3: Neem majestueux

Distribution géographique

On pense que le margousier est originaire d'Assam et de Birmanie, mais son origine exacte est inconnue et il est considéré comme originaire du sous-continent indien. Le margousier est largement répandu dans les zones tropicales et subtropicales d'Asie, d'Australie, d'Amérique, d'Afrique et du Pacifique Sud, mais l'arbre est originaire du sous-continent indien. Comme le neem est un arbre indigène de l'Inde, il est largement répandu dans de nombreux États de l'Inde. En Australie, le neem a été introduit dans le pays il y a environ 65-70 ans. Au Myanmar, le margousier est surtout présent dans les régions centrales du pays. Le margousier n'existe que dans les régions orientales de l'Indonésie. De même, le neem a été introduit aux Philippines au cours du siècle dernier. Le margousier existe dans les îles Fidji, dans les zones du Pacifique Sud. Le neem est cultivé dans les îles subtropicales du sud de la Chine. Alors qu'au Népal, il est présent dans les zones de basse altitude du sud. Le margousier au Sri Lanka est distribué dans les parties nord des îles. En Irak, le margousier est cultivé dans la péninsule arabique. Le margousier est également cultivé à Abu Dhabi et au Qatar en utilisant de l'eau de mer dessalée dans différentes zones. Dans les plaines de Makkah Arafat, la culture du margousier est pratiquée à grande échelle afin de fournir de l'ombre aux pèlerins dans les plaines d'Arafat.

Le margousier, en raison de son immense diversité, possède différents noms communs selon les sites d'implantation.

Tableau 1: Noms communs du margousier majestueux

Noms communs du margousier	
Anglais	Neem, lilas indien
Hindi	Neem, Nimb
Urdu	Nim, Neem
Sanskrit	Nimba, Nimbou, Arishtha (soulageant la maladie)
Indonésie	Mindi
Allemand	Niembaum
Français	Azadira d'Inde, Margousier, Azidarac, Azadira
Portugais	Margosa (Goa)
Espagnol	Margosa, Nim
Tamil	Vembu, Veppan
Sri Lanka	Kohomba
Singapour	Kohumba, Nimba
Nigeria	Dongoyaro
Kiswahili	Mwarubaini (Muarobaini)

Propagation du margousier

Le margousier peut facilement être propagé par voie végétative ou sexuée en utilisant des semis, des jeunes plants, des graines, des cultures de tissus, etc. Nous utilisons simplement des graines pour la propagation du margousier en les plantant sur le site ciblé ou en transplantant les semis à partir de sources végétales. Bien que la propagation des graines soit un moyen simple et facile pour la culture du margousier, il a été signalé que la viabilité des graines de margousier ne se maintient pas pendant une longue période, c'est-à-dire que l'on considère que les graines de margousier sont généralement viables pour la germination jusqu'à 2-6 mois seulement. Mais les récentes avancées en matière de conservation des graines de neem en France ont indiqué que nous pouvons conserver les graines de neem jusqu'à 5 ans avec une capacité de germination d'environ 42%.

Croissance de l'arbre Neem

On considère que le margousier peut pousser presque partout, car il est réputé pour sa bonne croissance dans les terres basses tropicales ou dans les sols secs et infertiles. Toutefois, le site ou la zone la plus propice à la croissance du margousier est celle où les précipitations annuelles se situent entre 400 et 1200 millimètres. Le margousier ne supporte pas le gel ou les températures froides, mais il prospère dans des conditions chaudes, lorsque la température à l'ombre du margousier dépasse les 50°C. Le margousier est généralement plus performant que d'autres plantes lorsque la surface du sol n'est pas appropriée, comme les surfaces stériles, pierreuses ou dures. De plus, le margousier se développe mieux sur les sols acides et dans les sols basiques, il perd ses feuilles afin de neutraliser le pH pour une meilleure croissance. Cependant, le margousier est incapable de résister à des conditions de saturation en eau et meurt rapidement dans ces conditions.

Écologie

Le margousier est célèbre pour sa survie dans des conditions de sécheresse ou de dessèchement. Normalement, le margousier pousse le mieux dans les régions où les précipitations annuelles sont comprises entre (16-47 in), mais aussi dans les régions où les précipitations annuelles sont inférieures à (16 in), mais dans ces régions, le margousier dépend du niveau des eaux souterraines. Le margousier peut également être cultivé dans différents types de sol, mais le type de sol le plus favorable est le sol sableux bien drainé et profond. Le margousier est également étiqueté comme arbre tropical ou subtropical et ces arbres peuvent tolérer des températures comprises entre 21 et 32°C, mais ne peuvent pas tolérer une température inférieure à 5°C. Traditionnellement, le margousier était utilisé pour ombrager les temples, les rues et d'autres bâtiments publics, car il n'est pas sensible à la qualité de l'eau et peut tolérer une mauvaise qualité de l'eau dans une large mesure. En outre, ces arbres ont été plantés en particulier dans les zones très sèches ou les grandes terres afin d'éviter les conditions sèches et humides.

Chimie du margousier

En 1919, les chimistes indiens ont commencé à étudier la chimie du margousier en isolant le principe acide appelé acide margosique présent dans le margousier. Mais, en 1942, le véritable travail de recherche chimique a été effectué en isolant les trois principaux composants actifs tels que la nimbidine, la nimbine et le dernier, le nimbiène. En 1963, un scientifique indien a étudié la chimie du neem et plusieurs composés ou éléments du neem ont été isolés et caractérisés. Un travail de recherche approfondi sur le neem a prouvé que presque tous les constituants ou composés possèdent les mêmes structures chimiques et sont également des dérivés de terpènes tétra-cycliques. De plus, les composés dérivés du margousier possèdent également de larges applications dans le domaine de l'activité biologique, comme par exemple les propriétés des antiféminants ou des pesticides.

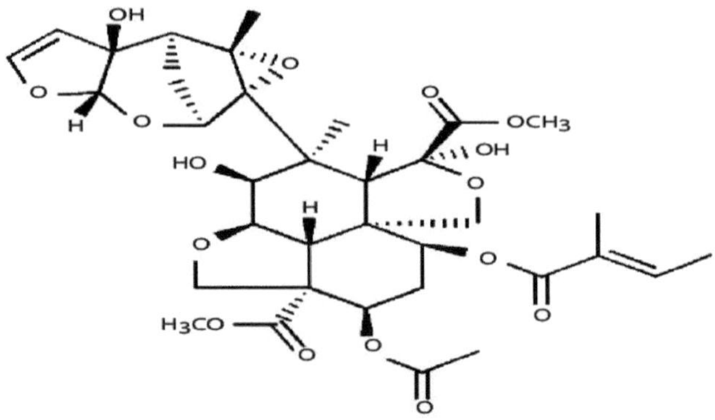

Figure 4: Structure chimique de l'azadirachtine du margousier.

✓ Feuilles

Les feuilles du margousier sont généralement de forme allongée à oblongue et de taille moyenne (20 à 40 cm de long). Les feuilles de margousier possèdent un arôme et un goût d'herbe et sont extrêmement amères par nature. Elles poussent généralement le long des branches des margousiers. Les feuilles de margousier sont disponibles toute l'année. Les feuilles de margousier contiennent environ 23% de glucides, environ 7,1% de protéines et certains minéraux comme le carotène, le phosphore, le calcium et la vitamine C, etc. En outre, elles contiennent également divers acides gras comme l'acide elcosanique tétradécanoïque, etc. et des acides aminés comme l'acide aspartique, l'acide glutamique, la glutamine, l'alanine, la tyrosine, etc.

Les feuilles de margousier contiennent également des flavonoïdes connus sous le nom de quercétine, qui possèdent des propriétés antifongiques et antibactériennes et sont utilisés dans la fabrication de divers médicaments pour traiter les plaies ou autres réactions allergiques. En outre, les feuilles de margousier contiennent également des liminoïdes, notamment des dérivés de la nimbine, qui sont utiles pour lutter contre les moustiques et les mouches domestiques en produisant certains intermédiaires, car ces feuilles de margousier possèdent des propriétés mutagènes. Les extraits de feuilles de margousier donnent de l'huile essentielle de margousier qui présente d'excellentes propriétés antifongiques contre divers champignons et inhibe leur croissance et leurs activités lorsqu'ils sont introduits in vitro. Les chercheurs ou les scientifiques travaillent ou étudient les extraits d'huile de margousier à grande échelle en raison de l'énorme potentiel des feuilles de margousier.

Tableau 2: Compositions chimiques présentes dans les feuilles du margousier.

Composition chimique	Unités prescrites entre parenthèses
Humidité	59.4%
Graisse	1%
Glucides	22.9%
Carotène	1998 µg/100g
Acide glutamique	73,4 mg/100g
Acide aspartique	15,51 mg/100g
Niacine	1,51 mg/100g
Calcium	511 mg/100g
Phosphore	80 mg/100g
Fer	17 mg/100g
Tyrosine	31,51 mg/100g
Protéines	7.2 %
Vitamine C	218 mg/100g
Alanine	6,41 mg/100g
Minéraux	3.4%
Fibre	6.25%
Glutamine	1 mg/100g

✓ Fleurs

Les fleurs du margousier sont généralement blanches et naissent à la jonction du pétiole ou de la tige du margousier. Elles sont présentes sous forme de panicules ou de grappes d'environ 25 cm de long. Une seule fleur de margousier mesure environ 8 à 11 mm de large et 5 à 6 mm de long. Les fleurs du margousier contiennent divers flavonoïdes, dont le nimbostérol, comme la mélicitrine, etc. Tout comme les feuilles du margousier, les fleurs du margousier contiennent également des acides gras tels que l'acide linoléique, l'acide linoléique et l'acide linoléique.

- ✓ Acide palmitique d'environ 13,6 %.
- ✓ Acide stéarique d'environ 8,2%.
- ✓ Acide linoléique d'environ 8 %.
- ✓ Acide oléique d'environ 6,5 %.
- ✓ Acide béhénique d'environ 0,7 %.
- ✓ Acide arachidique d'environ 0,7 %.

En outre, le pollen des fleurs de neem contient également divers acides aminés tels que la phénylalanine, l'arginine, l'acide glutamique, la méthionine, l'histidine, etc.

Figure 5: Fleurs du margousier

✓ Écorce

L'écorce du margousier est généralement dure, écailleuse ou fissurée, d'aspect gris blanchâtre à brun rougeâtre. Son bois de cœur est de couleur rougeâtre tandis que son bois de sève est d'aspect blanc grisâtre. L'écorce du margousier contient divers polysaccharides anti-inflammatoires et anti-tumoraux composés de glucose, de fructose et d'arabinose. De plus, à partir de l'écorce du margousier, nous avons isolé divers di-terpénoïdes de l'écorce de la racine et de la tige du margousier, tels que le nimbidol, la nimbolicine, la nimbione et la margocine, etc. L'écorce de la tige du margousier contient également des tanins à hauteur de 12-16% et des non-tanins à hauteur de 8-11%.

Outre l'écorce de la tige, le bois de cœur du margousier contient des sels de potassium, de calcium et de fer qui, lors d'une distillation destructive, donnent des acides pyroligènes à hauteur de 38,4 % et du charbon de bois à hauteur de 30 %. Le bois de margousier et ses extraits contiennent de la lignine à environ 14,63 %, de la cellulose et de l'hémicellulose à environ 14 %, du bêta-sitostérol, etc.

✓ Gomme

Le margousier libère une gomme qui produit du D-galactose, du L-arabinose, de l'acide D-glucuronique et du L-fructose. De plus, le vieux margousier libère une sève qui comprend des acides aminés tels que la glycine, l'arginine, l'alanine, la praline et l'acide aspartique, etc. et des sucres libres tels que le mannose, le glucose, le xylose et le fructose. Il contient également certains acides organiques comme l'acide malonique, l'acide succinique, l'acide citrique et l'acide fumarique. Pour ces raisons, la gomme ou la sève du margousier constitue un traitement efficace pour traiter les infections cutanées et les faiblesses générales.

✓ **Semences**

En raison de leur teneur élevée en lipides et de la grande quantité de composés essentiels, les graines de neem sont très efficaces contre plus de 300 parasites différents et la chose la plus importante concernant les graines de neem est qu'elles ne sont pas toxiques pour les humains. Nous avons extrait l'huile jaune brunâtre des graines de neem qui contient :

- ❖ Glycérides
- ❖ Acides oléiques d'environ 50-60%.
- ❖ Acide stéarique d'environ 14-19%.
- ❖ Acide palmitique d'environ 13-15%.
- ❖ Acide linoléique d'environ 8-16%.
- ❖ Acide arachidique d'environ 1 à 3 %.

La composition globale présente dans la graine de neem peut varier mais contient approximativement :

- ❖ Glucides d'environ 26-50%.
- ❖ Protéines brutes d'environ 13-35%.
- ❖ Fibres brutes d'environ 8 à 26 %.
- ❖ Graisses d'environ 2 à 13 %.

De plus, nous pouvons extraire le tourteau des graines de neem en utilisant de l'alcool à 70% avec de l'hexane fournit de la farine que nous pouvons utiliser comme nourriture pour les animaux ou le champ de volaille, comme le tourteau de neem est plein d'acides aminés essentiels. Le gâteau de margousier contient également des tri-terpénoïdes et des nutriments essentiels tels que l'azote, le soufre, le calcium, le potassium, etc.

Figure 6: Graines de margousier

Substances phytochimiques du margousier

Les feuilles, la tige, l'écorce, les fruits et les graines du margousier contiennent diverses variétés de substances phytochimiques, comme les feuilles qui contiennent des carotènes, de la quercétine et de la vitamine C, etc. De même, l'azadirachtine présente dans les extraits de graines de margousier, ainsi que l'huile extraite du margousier contiennent des composés limonoïdes en tant que substances phytochimiques. Grâce à ces composés phytochimiques, le margousier se protège de divers parasites, car ces composés phytochimiques contiennent des ingrédients pesticides.

✓ Limonoïdes

Dans le margousier, les chercheurs ont isolé près de neuf limonoïdes importants et ont démontré que ces limonoïdes ont une grande capacité à bloquer la croissance d'insectes ou de parasites d'une grande diversité affectant la santé humaine et les cultures agricoles. Actuellement, les chercheurs mènent différentes recherches pour explorer davantage de nouveaux limonoïdes dans le margousier. Cependant, la nimbine, la salannine, le meliantriol et l'azadirachtine ont acquis une immense popularité.

✓ Azadirachtine

L'azadirachtine a été l'un des premiers agents actifs principaux isolés de la plante du margousier qui a un grand potentiel pour lutter contre différents parasites et insectes. L'efficacité de l'azadirachtine pour tuer les parasites ou les insectes est d'environ 90 %. L'exploration au cours des dernières années a montré que c'est peut-être le plus intense des contrôleurs de développement et de prise en charge des obstructions à tout point examiné. Il repoussera ou diminuera la prise en charge de nombreux types de vermines, de rampants et de certains nématodes. En vérité, il est si fort qu'un simple soupçon de son essence empêche quelques insectes d'entrer en contact avec les plantes.

L'azadirachtine ressemble principalement aux substances chimiques des insectes appelées "ecdysones", qui contrôlent le cours de la transformation lorsque les insectes passent de l'éclosion à la chrysalide puis à l'âge adulte. Elle influence le corpus cardiacum, un organe semblable à l'hypophyse humaine, qui contrôle l'émission de substances chimiques. Pour être efficace, la transformation nécessite la synchronisation prudente d'un grand nombre de changements physiologiques, et l'azadirachtine est de toute évidence un "bloqueur d'ecdysone". Elle entrave la création de l'insecte et l'arrivée de ces produits chimiques impératifs. Les insectes, à ce moment-là, ne muent plus. Cela brise évidemment leur cycle de vie.

Dans l'ensemble, les parties de margousier contiennent entre 2 et 4 mg d'azadirachtine par gramme de partie. Le chiffre le plus remarquable jusqu'à présent a révélé 9 mg pour chaque gramme a été estimé dans des exemples provenant du Sénégal.

✓ Meliantriol

Le Meliantriol est également l'un des principaux inhibiteurs de parasites et d'insectes extraits ou isolés du margousier, qui s'avère efficace même à faible concentration. La démonstration de sa capacité à empêcher les sauterelles de piquer les cultures a été la principale preuve logique de l'utilisation habituelle du margousier pour lutter contre les insectes rampants dans les récoltes de l'Inde.

✓ Salannin

La salannine est le troisième tri-terpénoïde principal qui a été isolé du margousier. Des études montrent que ce composé entrave en outre efficacement l'alimentation de divers ravageurs et insectes, sans toutefois avoir d'impact sur les hangars à insectes. La sauterelle transitoire, la cochenille rouge de Californie, les mouches domestiques et la punaise japonaise, l'insecte rayé du concombre ont été fermement dissuadés dans les installations de recherche et les tests sur le terrain.

✓ Nimbin et Nimbidin

La nimbine et la nimbidine sont les deux principaux composés qui ont été isolés ou extraits du margousier et ces deux composés possèdent des propriétés antivirales. Ces composés influencent l'infection par la vaccine, la variole aviaire et le virus X de la pomme de terre. Ils pourraient peut-être ouvrir une approche pour contrôler ces maladies virales et d'autres maladies des récoltes et des animaux domestiques.

✓ Autres composés

Outre ces composés majeurs, certains composés ou ingrédients mineurs remplissent également les fonctions d'anti-hormones. Des recherches ont montré que ces composés mineurs peuvent prévenir les parasites et les insectes en inhibant le mécanisme de déglutition. Comme les limonoïdes diacétyl-azadirachtinol trouvés dans le margousier. Cette fixation, confinée à de nouveaux produits naturels, donne l'impression d'être à peu près aussi puissante que l'azadirachtine dans les examens contre la tordeuse du tabac, mais elle n'a pas encore été testée de manière générale dans les champs.

Histoire de l'utilisation

L'histoire du margousier est liée à l'histoire de la civilisation indienne. Le margousier, l'incroyable arbre réparateur de l'Inde, s'est développé avec l'établissement humain tout autour de la nation et a été une pièce nécessaire du style de vie indien pendant assez longtemps. L'arbre Neem a apparemment toujours été un compagnon et un défenseur des habitants indiens. Pendant longtemps, les Indiens ont cru que cet arbre pouvait améliorer leur bien-être et guérir les infections. En outre, il a été utilisé pour assurer la nourriture et les grains mis de côté et comme compost et pesticide régulier pour nos cultures. Le margousier a été utilisé pour un nombre bien plus important d'emplois que n'importe quel autre arbre.

L'arbre de Neem (*Azadirachta indica*) était très probablement l'astuce commerciale de l'Inde. L'Inde ancienne était méprisée pour sa cardamome, son safran, son poivre noir, son curcuma, sa soie, son bois de santal, etc. et ces précieux produits ont été recherchés et transportés vers l'Europe par-delà les océans pendant longtemps. Le Raj britannique a également négligé de comprendre la signification de la présence de cet arbre dans chaque niche et coin de l'Inde. Peut-être, s'ils avaient pensé à l'exposition impressionnante d'utilisations de l'arbre Neem, il serait devenu une merveille globale il y a longtemps. Pour les Indiens du sous-continent en particulier, le margousier offre de nombreuses perspectives captivantes. Pour les enfants, cet arbre majestueux à feuilles persistantes était un abri contre la pluie et la lumière du soleil - ils passaient des heures dans son abri rafraîchissant, récoltaient le produit naturel prêt à être consommé et fabriquaient des cabanes dans les arbres, qu'ils donnaient aux papillons, aux oiseaux et aux abeilles. Cet arbre a été choisi car son ombre est connue pour être plus fraîche que celle d'autres arbres, et de plus, aucun insecte ou nuisible n'est en vue, grâce à son activité répulsive.

Pour les femmes des sous-continents, le margousier était l'épine dorsale de la coutume de la beauté locale. Le margousier était une source de médicaments permettant de traiter plus d'une centaine d'affections, telles que les éruptions cutanées, les éraflures, le diabète et surtout la fièvre paludéenne. Les femmes l'utilisaient également pour protéger leurs légumes secs et leurs céréales au fur et à mesure que l'année avançait.

De même, pour les hommes du sous-continent, le margousier donnait des feuilles, des graines et des écorces qui pouvaient être transformées en compost et en matériel de lutte contre la vermine. Il donnait également des mélanges reconstituants à leur bétail laitier et à leurs animaux domestiques. De plus, la brise qui soufflait à travers les branches de l'arbre préservait leurs maisons des microbes et des infections et les rafraîchissait tout au long de l'année.

Pendant longtemps, les Indiens ont cultivé le margousier à proximité de leurs maisons et ont entretenu une communication délicate et quotidienne avec cette plante sans précédent. Pour les femmes en particulier, le neem représentait une source importante de bien-être, de propreté et de magnificence, accessible sans réserve. Prendre une douche avec une décoction de feuilles de Neem gardait leur peau gracieuse et solide. La poudre de feuilles de neem ou les feuilles écrasées, mélangées à leur masque de beauté, avaient une action émolliente et anti-maturation. Les propriétés stériles de l'extrait de feuilles de neem aidaient à prévenir l'acné, les infections cutanées, les boutons et les éruptions cutanées.

Dans certains États de l'Inde sub-continentale, il était courant d'appliquer du noir de fumée au bord de l'œil, surtout chez les jeunes femmes, pour attirer l'attention sur leurs yeux. La technique normale utilisée pour faire du noir de lampe était de prendre une lampe en terre et d'y mettre de l'huile de neem et une mèche de coton. Au moment de l'allumage, la mèche libérait une fumée débordante dont on pouvait recueillir le noir clair en plaçant une tasse en métal contenant de l'eau pour le refroidissement, à une certaine distance du feu. Les résidus noirs de la lampe étaient ensuite grattés sous la tasse et mélangés à un peu d'huile de moutarde pour former une pâte appelée Kaajal.

Huile de Neem

L'huile extraite de l'arbre de Neem possède des propriétés magiques grâce auxquelles nous pouvons prévenir la calvitie et le grisonnement des cheveux. Elle était utilisée comme traitement contre les poux et contre les pellicules. Lorsqu'une poudre de feuilles de neem séchées d'environ une cuillère à café est mélangée à une quantité similaire de miel et de ghee, elle est connue pour aider à contrôler les sensibilités de nettoyage.

Une combinaison de quantités équivalentes de poudre de graines de neem extraites, d'alun de roche et de sel se mélangeait et était utilisée pour l'entretien des dents et des gencives. Nimba, le médicament extraordinaire pour le traitement de pitta et pour la purification du sang.

Différentes études et recherches ont été menées sur le margousier et ses composés dérivés, nous réalisons aujourd'hui que cet arbre exceptionnel peut faire tout ce qu'il peut faire en raison de l'ampleur des mélanges présents dans le margousier. L'examen actuel a permis de percer le mystère de sa viabilité. Ses étonnantes propriétés antibactériennes, antiparasitaires, antivirales et désinfectantes en font un remède particulièrement efficace contre les éruptions cutanées pelliculaires, les dermatites, les maladies intestinales, les ampoules buccales et les grains de beauté. Curieusement, c'est cette capacité d'adaptation qui, pendant longtemps, a empêché cet arbre et ses propriétés étonnantes de devenir le point de mire de tous. L'état d'esprit de tous les acheteurs a été modelé de telle sorte qu'il doit y avoir une réponse experte pour chaque problème, tous ensemble pour que la réponse soit réussie. Le fait qu'un seul margousier puisse s'attaquer à d'innombrables problèmes différents est un sujet brûlant sur le marché actuel.

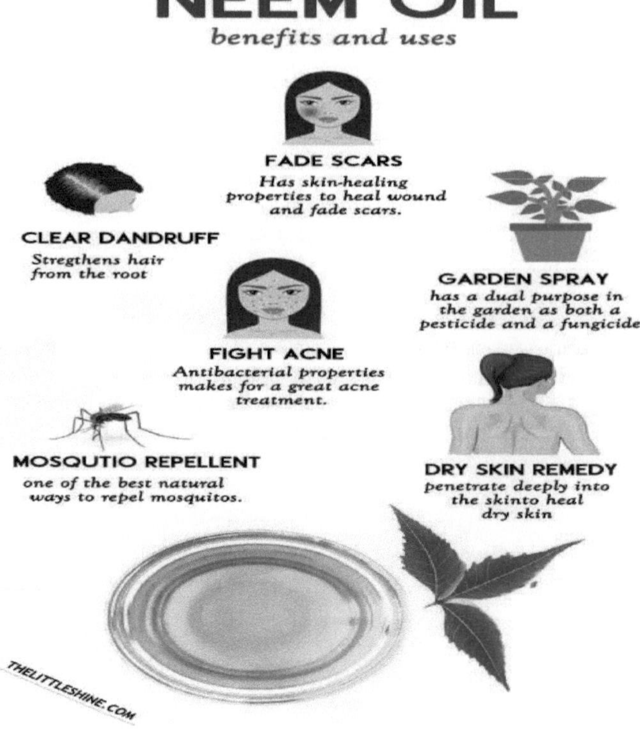

Figure 7: avantages des huiles extraites des feuilles de Neem

L'huile de neem possède des propriétés exceptionnelles, notamment des propriétés antibactériennes, antifongiques, antivirales et antiseptiques. L'huile de neem n'entraîne aucune complication par rapport aux produits chimiques synthétiques qui provoquent des réactions allergiques, des éruptions cutanées, des maladies de la peau, etc. En outre, l'huile de neem peut être utilisée comme formule anti-âge, pour la fabrication de gels apaisants, de masques pour le visage, de nettoyants pour le visage, etc.

❖ Anti-moustique

L'huile de neem est un répulsif efficace pour les moustiques et autres insectes et ne provoque aucune complication lorsqu'elle est pulvérisée sur le corps.

❖ Éliminer les pellicules

Comme l'huile de margousier a des propriétés antifongiques, l'huile de margousier est l'un des meilleurs moyens de traiter ou d'éliminer les pellicules naturellement. De plus, l'huile de neem soulage les démangeaisons du cuir chevelu ou les inflammations.

❖ **Soulager la peau sèche**

L'huile de margousier contient des éléments essentiels, notamment de la vitamine E et des acides gras, qui soulagent la peau sèche et la rendent éclatante et nourrie.

❖ **Combattre l'acné**

L'huile de margousier a des propriétés antibactériennes qui sont utilisées contre les bactéries qui causent l'acné. Par conséquent, nous pouvons contrôler ou prévenir l'acné et les cicatrices en utilisant cette huile de margousier.

Neem et environnement

L'utilisation inéluctable de matériaux manufacturés dans tous les statuts sociaux, qu'il s'agisse de l'agroalimentaire, de l'habillement, de la protection ou des soins médicaux, ouvre actuellement la voie à la recherche d'articles respectueux de l'environnement. À l'échelle mondiale, tous les groupes humains montrent leur confiance et dépendent davantage de l'innovation verte qu'à n'importe quel autre moment de mémoire récente depuis l'apparition de la science actuelle. L'époque où l'on se fiait aux composés synthétiques du début et du milieu du 20e siècle a provoqué le mélange de substances synthétiques plus actuelles comme une panacée pour toutes les maladies et infirmités. La disposition modérée de certains ordres sociaux, qui s'appuyaient sur des produits normaux plutôt que sur des produits synthétiques, était souvent attribuée à l'oisiveté ou à l'arriération.

Actuellement, les sociétés modernes s'enroulent pêle-mêle dans le piège de leur création, et sont prêtes à retourner à la nature pour trouver des remèdes". Neem a organisé un rebondissement et promet de tenir le point focal du public dans les années à venir. Le margousier joue un rôle essentiel dans la protection du climat contre la contamination, puisque son éclat est assainissant et que ses sommets rembourrés s'élèvent à 15 mètres dans le ciel, le margousier fournit un environnement sain. Comme d'autres arbres, il expire de l'oxygène et maintient le niveau d'oxygène dans l'air.

Tout comme d'autres arbres, le margousier offre également des avantages écologiques, par exemple, le contrôle des inondations, la diminution de la désintégration des sols et la réduction de la salinité. Le margousier peut éviter les situations d'urgence écologique en Inde et dans d'autres pays tropicaux, car il tend à être utilisé efficacement pour la restauration des environnements et des terrains vagues. Le neem est proposé avec enthousiasme pour le reboisement des régions sèches de l'Inde et des sites tropicaux du district sub-saharien, en Asie. Le neem est incroyablement précieux dans le service de garde forestier métropolitain car il a une capacité frappante à résister à la contamination de l'air et de l'eau tout comme à la chaleur. Le neem aide également à rétablir et à maintenir la fertilité des sols, ce qui le rend particulièrement approprié pour les services de protection des cultures. Le neem est un atout caractéristique pour maintenir un climat propre. Dans les villes et les zones urbaines comme dans les fermes, il est précieux comme brise-vent. En tant que source d'ombre, il est étonnant pour les parcs, les bords de route, etc. Compte tenu de ses innombrables caractéristiques, il est courant, dans l'Inde rustique, d'avoir un margousier dans l'aménagement de la plupart des maisons. L'espèce de margousier est considérée comme l'outil le plus précieux dans les services agro-forestiers.

Figure 8: L'effet de l'arbre Neem sur l'environnement de la Terre

Le margousier possède d'excellentes capacités de lutte contre les parasites et des propriétés réparatrices. La capacité la plus importante des pesticides produits par le margousier est beaucoup plus sûre que celle des pesticides artificiels. Les résultats de ces derniers ne sont pas moins réels que les problèmes réels. Ils provoquent une pollution de l'environnement et représentent un grand danger pour le bien-être humain. En conséquence, il y a eu une recherche exceptionnelle de pesticides plus sûrs.

Les pesticides produits à partir du margousier ne sont pas toxiques et peuvent facilement être dégradés en produits plus simples qui ne nuisent pas à notre environnement. En bref, nous pouvons dire que le margousier ne produit aucun effet néfaste sur les personnes et les créatures et qu'il n'a aucun impact sur les produits agroalimentaires. Par conséquent, le neem est considéré comme la meilleure alternative aux pesticides dangereux conventionnels. Dans le cadre de l'agriculture biologique, l'utilisation d'éléments végétaux comme pesticides a pris une importance croissante. Le Neem est un candidat tout à fait raisonnable pour le développement d'une agriculture sûre et respectueuse du climat. L'azadirachtine peut être utilisée dans l'horticulture et le bien-être général en tant que substance éco-accommodante. L'utilisation de produits à base de margousier pour protéger les plantes réduira l'intérêt pour les pesticides composés et, par conséquent, la quantité naturelle de ces pesticides artificiels. En outre, ces bio-pesticides sont bien meilleurs que les pesticides synthétiques, car ils ne posent pas de problèmes de santé aux humains.

Services environnementaux rendus par Neem

Pendant les étés torrides dans les régions du nord du sous-continent indien, la température sous le margousier est de ~10° C, ce qui n'est pas exactement la température ambiante, elle est atteinte lorsque nous utilisons près de 10 systèmes d'air conditionné fonctionnant ensemble, qui ne peuvent pas faire le travail de manière aussi productive et financière qu'un margousier totalement mature. La reconstitution du bien-être des sols dégradés et l'utilisation extrême de ces terres récupérées grâce au neem est une autre illustration de sa valeur en tant que panacée naturelle.

En plus de sa beauté naturelle, le margousier offre magnificence et tranquillité, mais il sert également de maison à divers êtres vivants de valeur tels que les insectes, les oiseaux, les abeilles, les chauves-souris, etc. Les nids d'abeilles installés sur le margousier sont uniquement libérés de l'invasion de la fausse teigne. De nombreux types d'oiseaux et de chauves-souris mangeuses de produits naturels se nourrissent du tissu sucré des produits organiques prêts à l'emploi, tandis que certains rongeurs se nourrissent spécifiquement de cette portion, ce qui confirme la sécurité du neem pour les créatures à sang chaud. La litière des feuilles qui tombent développe davantage la fécondité du sol et la substance naturelle. On ne sait pas grand-chose de la relation mycorhizienne entre le neem et les endophytes bactériens et parasitaires, mais l'arbre est en fait un microcosme vivant.

Dix ans auparavant, environ 50 000 margousiers ont été plantés sur plus de 10 km dans les plaines d'Arafat pour donner de l'ombre aux explorateurs musulmans pendant le hajj. Le manoir de neem affecte notamment le microclimat de la région, la microflore, la microfaune, les propriétés du sol sableux, et lorsqu'il est complètement mature, il peut donner de l'ombre à 2 millions de pionniers (Ahmed, 1995). C'est une vieille conviction que le développement du neem à l'intérieur de la maison peut garder l'air environnant propre des avilissements et par conséquent contrôler la contamination écologique. En outre, on dit que le fait de suspendre des brindilles de neem à l'entrée d'une maison offre une assurance contre la contamination et l'infection. Si le margousier n'est pas abattu, l'arbre à feuilles persistantes peut survivre jusqu'à 200-300 ans. En effet, même une évaluation très modérée de " l'aide écologique " fournie par l'arbre, à raison de 10 dollars US par mois, donnerait une valeur stupéfiante de 24 000 à 36 000 dollars US au cours de sa vie.

Le neem dans la reforestation et l'agroforesterie

Comme nous l'avons déjà mentionné, le Neem est l'une des espèces forestières les plus précieuses dans les régions du sous-continent et devient également populaire en Amérique tropicale, dans les pays du Moyen-Orient et en Australie. En tant qu'arbre rustique et polyvalent, il est idéal pour les programmes de reboisement et pour la réhabilitation des terres dégradées, semi-arides et arides. En 1987, lors d'une grave sécheresse dans l'État du Tamil Nadu, le neem a poussé de manière luxuriante, alors que la végétation des autres plantes s'est desséchée au cours de cette grave sécheresse.

Le neem est précieux comme brise-vent et dans les espaces où les précipitations sont faibles et la vitesse du vent élevée. Dans la vallée de Majjia au Niger, plus de 500 km de brise-vent comprenant deux colonnes de margousiers ont été plantés pour sécuriser les cultures de mil, ce qui a entraîné une augmentation de 20% du rendement en grain (Benge, 1989). Des brise-vent en margousier, de taille plus limitée, ont également été aménagés le long des manoirs de sisal en bord de mer au Kenya. Une plantation de grande envergure de neem a été lancée dans le cadre du programme de boisement de Kwimba en Tanzanie. Dans des pays allant de la Somalie à la Mauritanie, le neem a été utilisé pour mettre fin à l'expansion du désert du

Sahara. De même, le neem est un arbre privilégié le long des routes, dans les secteurs commerciaux et les propriétés proches, en raison de l'ombre qu'il procure. En tout cas, le neem est mieux planté dans des peuplements mixtes. Le neem possède toutes les qualités requises pour les différents programmes du service social des gardes forestiers. Le margousier est un excellent arbre pour le cadre sylvopastoral, y compris la création d'herbes et de légumes de récupération. En tout cas, comme l'indiquent certains rapports (Radwanski et Wickens, 1981), le neem ne peut pas être développé parmi les rendements ruraux en raison de sa forte propension. D'autres disent que le neem peut être planté en mélange avec des sociétés et des rendements de produits naturels comme le sésame, le coton, le chanvre, les arachides, les haricots, le sorgho, le manioc, et ainsi de suite, surtout lorsque les arbres de neem sont encore jeunes. Le margousier peut être taillé pour réduire la dissimulation et donner du grain et du paillis. Les progrès récents de la culture de tissus et de la biotechnologie devraient permettre de choisir des agrégats de margousier ayant une taille et une hauteur bénéfiques pour être utilisés dans les cultures intercalaires et dans différents cadres de services agricoles. Les impacts allélopathiques du margousier sur les cultures, s'ils existent, devraient être étudiés.

Figure 9: Neem en reforestation et en agroforesterie.

Production et utilisation de la biomasse

Les margousiers complètement matures produisent entre 10 et 100 tonnes de biomasse sèche/ha, en fonction des précipitations, des qualités du site, de la division, de l'écotype ou du génotype. Les feuilles comprennent environ la moitié de la biomasse ; les aliments provenant du sol en comprennent un quart chacun. Une gestion plus développée des peuplements de neem peut donner des récoltes d'environ 12,5 mètres cubes (40 tonnes) de grand bois fort/ha.

Le bois de margousier est dur et moyennement substantiel et représente des symboles stricts dans certaines régions de l'Inde. Le bois se conserve bien, à l'exception de la séparation des extrémités. Robuste et résistant aux termites, le bois de margousier est utilisé pour fabriquer des poteaux de mur, des arbres pour la construction de maisons, des meubles, etc. Il existe un secteur commercial en développement dans certains pays européens pour le bois de margousier clair destiné à la fabrication de meubles de famille. Le bois de poteau est particulièrement important dans les pays agricoles ; la capacité de l'arbre à repousser après avoir été coupé et à repousser son surplomb après avoir été taillé en têtard le rend exceptionnellement apte à la création d'arbres (National Research Council, 1992). Le neem se développe rapidement et constitue une source décente de bois d'allumage et de remplissage ; le charbon de bois a une valeur calorifique élevée.

Utilisation externe et interne

Dans l'histoire de l'humanité, les plantes médicinales sont utilisées depuis des siècles. En chimie médicinale, ces types de produits organiques naturels. L'usage externe du neem traite les troubles suivants.

- Psoriasis
- état inflammatoire
- plaies infectées
- abcès
- sinusite
- lopecia
- goutte

L'usage interne du neem soigne les troubles comme :

- malaria
- filaire
- spleenomeglay
- troubles respiratoires
- variole
- Troubles vaginaux
- SIDA

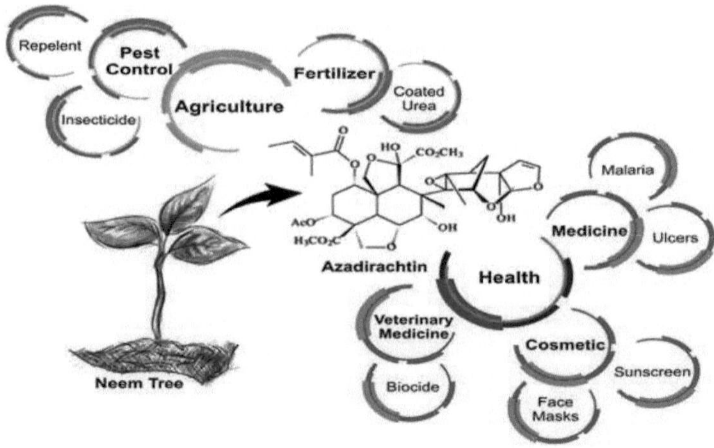

Figure 10: Applications ou utilisations du margousier dans différents départements.

Dentaire

Les études ont montré que le margousier aide à empêcher la production de la plaque dentaire et de la gingivite. Pour la protection contre la carie et les maladies parodontales, le neem est avantageux. Le bain de bouche au neem est une alternative aux traitements au gluconate de chlorhexidine. Il est considéré comme très efficace et économique. Les chercheurs ont conclu que le rinçage d'*A. indica* est comparativement beaucoup plus efficace que la chlorhexidine pour réduire les indices parodontaux. L'extraction à l'éther de pétrole et au chloroforme possède de fortes activités antimicrobiennes contre le *S. mutans*. L'extrait de chloroforme a fortement résisté au S. mutans *Streptococcus salivarius*.

Pellicules

Bien que le processus d'élimination des pellicules ne soit pas encore clair, il est prouvé qu'elle élimine les pellicules. L'huile de margousier possède des propriétés antifongiques et antibactériennes qui éliminent les pellicules.

Utilisations thérapeutiques et médicinales du Neem

Le neem joue un rôle essentiel dans la lutte contre la maladie, notamment en activant l'enzyme antioxydante.

   a) **Activité anti-oxydante :**

À l'ère des maladies, l'oxygène réactif arrive en tête de liste. Mais la neutralisation des radicaux libres est considérée comme une étape cruciale dans la prévention de toute maladie. Avant d'attaquer les cellules, les radicaux libres sont inactivés par les antioxydants. Voici le rôle qu'ils jouent.

- L'activation de l'enzyme antioxydante qui est impliquée dans le maintien des dommages qui sont impliqués dans les radicaux libres.

L'activité antioxydante se trouve dans de nombreuses feuilles, fruits, graines, écorces et racines de plantes médicinales. Les extraits de margousier et de feuilles ont été étudiés et il en ressort qu'ils sont riches en propriétés antioxydantes. Une autre expérience a été faite sur les parties du margousier du Siam et les extraits d'écorce de tige pour étudier l'antioxydant. Il a été conclu que leur extraction a un plus grand potentiel d'antioxydant. Une condition in vitro a été appliquée pour évaluer l'activité antioxydante. Le résultat suivant montre clairement que l'extraction brute au chloroforme du margousier a une plus grande quantité d'antioxydants.

Chloroforme > butanol > extrait d'acétate d'éthyle > extrait d'hexane > extrait de méthanol.

L'extrait aqueux obtenu à partir de l'extraction éthanolique des feuilles et de la tige du margousier du Siam présente une plus grande quantité de radicaux libres, avec une activité de piégeage de 50 % à 30,6 mg/mL.

b) Activité anti-cancéreuse

Le cancer est considéré comme le problème de santé le plus répandu dans le monde. Les mutations provoquées dans l'organisme conduisent à l'apparition d'un cancer dans le corps. Le traitement par modules présente des avantages comme des inconvénients. De nombreuses études ont montré que les plantes et les éléments ont des effets inhibiteurs sur les cellules malignes. Cela se produit par l'apoptose et de nombreuses autres voies moléculaires. Le neem contient des flavonoïdes qui jouent un rôle essentiel dans l'inhibition du développement du cancer. L'étude épidémiologique a conclu que la consommation d'une grande quantité de flavonoïdes peut réduire les risques de cancer. Les limonoïdes de neem présents dans l'huile de neem sont impliqués dans la prévention des effets mutagènes du 7,12-diméthylbenz (a) anthracène. *Azadirachta indica* joue un rôle crucial dans le traitement du cancer. Le mécanisme précis et authentique de la molécule n'est pas reconnu. Mais les expériences ont montré que le neem est impliqué dans la modulation des voies de signalisation de différents types de cellules. Le neem contient de nombreux ingrédients actifs qui activent les gènes suppresseurs de la tumeur. Il inactive également les nombreux gènes qui participent à la formation du cancer, à savoir le VEGF et le NF. *Azadirachta indica* est considéré comme un activateur exceptionnel des gènes suppresseurs de la tumeur. Il inhibe également le phosphoinositol PI3K/Akt. L'*Azadirachta indica* est impliqué dans de nombreuses voies qui préviennent les tumeurs malignes.

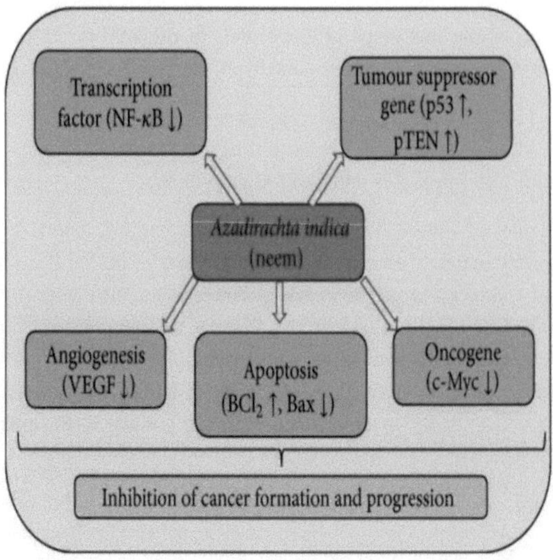

Figure 11Activité anticancéreuse du Neem

c) Effet du Neem sur les gènes suppresseurs de tumeurs

Le gène suppresseur le plus important est le p53 qui limite la production de cellules anormales. Les chercheurs ont conclu que les gènes pro-apoptotiques et certaines protéines comme p53, la protéine X associée à Bcl-2 (Bax) étaient régulés par l'EFNL. Cela a été impliqué dans l'embellissement de l'expression comme la caspase-8 et la caspase-3.

Le nimbolide dérégule les protéines (principalement pour la survie de la cellule) comme :

- I-FLICE
- cIAP-1
- cIAP-2
- Bcl-2
- Bcl-xL
- Survivant

I.   Effet du neem sur l'oncogène

Un oncogène est responsable du développement des tumeurs. Une expérience a été faite pour inspecter l'expression de l'oncogène c-Myc de l'extrait de feuille chez des souris BALB/c atteintes du cancer du sein 4T1. Le résultat a conclu que le groupe d'extraits de neem supprime l'expression de l'oncogène c-Myc.

II.   Pouvoir inflammatoire

Les plantes et leurs composés sont utilisés comme anti-inflammatoires. Une dose de 200mg de *A. indica* a prouvé la présence d'actions anti-inflammatoires dans la boulette de coton chez les rats. De nombreux autres chercheurs ont conclu qu'il est moins productif que tout autre composé comme la dexaméthasone. De plus, l'étude a conclu que la nimbidine diminue et limite le travail des macrophages et des neutrophiles.

Effet anti-microbien du Neem

Le neem et ses composants sont considérés comme des agents de lutte contre les microbes, les virus et les agents pathogènes, etc.

a) Activité antibactérienne

Une évaluation a été faite pour conclure que les suppléments à base de plantes sont les meilleurs pour résister aux effets microbiens. Il est clairement démontré qu'ils possèdent un ratio d'inhibition élevé. L'hypochlorite de sodium n'a qu'un taux de 3%. L'extraction de Neem et la goyave possèdent le composé qui est utilisé pour les propriétés antibactériennes. Elles sont utiles pour lutter contre les agents pathogènes d'origine alimentaire. L'étude conclut également que l'extraction de la graine et du fruit comprend les actions antibactériennes dans un grand nombre de concentrations.

b) Activité antivirale

Les expériences ont permis de conclure que l'extraction de l'écorce de margousier bloque le HSV-1. De plus, les actions bloquantes ont été constatées lorsque l'extraction a été soumise à une pré-incubation avec le virus. L'extraction des feuilles montre des activités virales contraires au virus coxsackievirus B-4.

c) Activité antifongique

To inspect the efficacy of neem leaf, an experiment was made which concluded that neem leaf extracts have the potential and ability to inhibit the growth of Aspergillus and Rhizopus. The extraction made of an alcoholic was more efficient for inhibiting the fungi species. While methanol and ethanol extract is involved in inhibiting the *Aspergillus flavus*, *Alternaria solani*, and *Cladosporium*.

d) Actions antidiabétiques :

Une expérience a été faite pour analyser les activités hypoglycémiques du neem chez les rats (diabétiques). Le résultat a montré que l'extraction du neem, qui est de 250mg/kg, montre un niveau de glucose comparativement plus bas que les autres. L'extraction de feuilles de neem peut traiter naturellement la maladie comme le diabète sucré.

e) Activité antipaludique

Plasmodium berghei a été injecté à des souris albinos. Le résultat a été conclu que l'extraction de la feuille et du neem réduit la parasitémie de 51-80%. D'autres expériences ont montré que l'azadirachtine et les limonoïdes présents dans l'extraction de neem sont purement actifs sur les vecteurs de la malaria.

f) Guérison de la plaie :

De nombreuses plantes et leurs parties sont impliquées dans la guérison de la blessure. L'extraction des feuilles d'*A. indica* a été utilisée et a montré des actions de guérison dans les plaies d'excision et d'incision. La résistance à la traction était supérieure à celle du groupe témoin. Avec l'aide de la réponse inflammatoire et de la néovascularisation, le neem pourrait aider à la guérison des blessures.

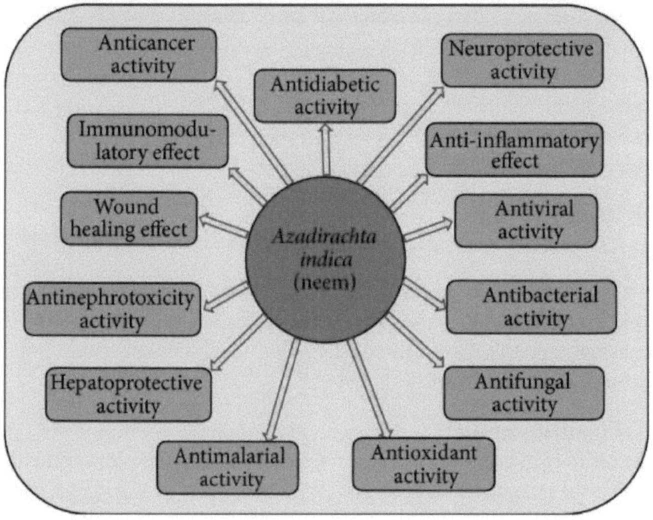

Figure 12Activités pharmacologiques d'Azadirachta indica

Effets secondaires du neem

Bien que les produits soient extraits de la nature, ils sont toujours considérés comme inefficaces pour l'homme. Sa graine constitue tout type d'acide gras.

- L'écorce du margousier est considérée comme sûre pour les adultes. La limite de la dose ne doit pas s'étendre à 60 mg par jour. Cela pourrait affecter vos reins ainsi que votre foie.
- Vous pouvez utiliser l'huile et la crème de neem sur la peau pendant deux semaines, ce qui est probablement sans danger.
- L'extrait du gel de neem est considéré comme sûr lorsqu'il est utilisé dans la bouche pendant 6 semaines.

Des précautions doivent être prises lors de l'utilisation du neem par voie orale. De nombreux nourrissons ont fait l'expérience de l'utilisation de l'huile de neem comme poison et les doses étaient d'environ 5-30mL. Aucun indice de poison n'a été trouvé dans le cas des animaux.

Menaces sur le margousier

Le margousier est un arbre originaire des forêts sèches du nord-est de l'Inde. Ses graines et ses feuilles sont utilisées pour extraire un insecticide organique. La stabilité financière est le principal facteur en Australie du Nord qui n'a pas réussi à planter le margousier. Un arbre individuel peut produire jusqu'à 50000 graines par an. Les oiseaux ingèrent généralement les fruits et leurs graines sont propagées par eux à d'autres maladies. Ils produisent des suceurs qui bloquent la végétation. Le Neem est reconnu comme une mauvaise herbe de classe B et C dans la région du territoire du Nord. Cette reconnaissance témoigne de ses législations sur l'achat, l'importation et l'exportation de graines.

Figure 13: Menaces sur le margousier

Soins aux arbres de Neem

La plante Neem a besoin de beaucoup de lumière du soleil. Elle ne peut pas pousser dans un excès d'eau, ce qui la rend intolérante. Avant de planter l'arbre, le sol doit être sec. Ils peuvent se développer au mieux jusqu'à 120 degrés, tandis que par temps agréable, ils perdent leurs feuilles à moins de 5C. Cet arbre ne pousse pas dans les zones de sécheresse, les zones extrêmement pluvieuses et les basses températures. Une quantité appropriée d'engrais, la température et la lumière du soleil les rendent élégants.

Figure 14: Entretien du margousier

Contribution à la biotechnologie

Chaque partie de la plante, notamment les feuilles, l'écorce et les graines, est considérée comme la plus importante. Leurs racines peuvent transporter l'eau et d'autres nutriments depuis les profondeurs du sol. Elles peuvent être à l'origine de la production de nombreux produits fructueux. Le bois de neem est utilisé pour la fabrication de meubles et d'autres outils domestiques. Le bois de neem ressemble au bois de teck en termes de solidité et de résistance aux fongicides et aux pesticides. Il est durable à l'extérieur. Il existe une grande diversité génétique dans la taille des arbres, les fruits et la morphologie. Il y a une incertitude raisonnable dans les graines, quel que soit l'habitat. Des progrès dans la production d'azadirachtine peuvent être réalisés par la technique de la propagation clonale. Les méthodes conventionnelles peuvent sembler réalisables mais sont assez difficiles pour la propagation végétative du margousier.

Il s'agit donc d'une culture à partir de graines. Avec la technique de culture de cellules et de tissus végétaux, ces limitations seront contrôlées et la fabrication de matériel clonal se fera rapidement. Pour la production continue des métabolites du margousier malgré la saison, une alternative a été proposée.

Cela montre de nombreuses circonstances favorables par rapport aux méthodes conventionnelles.

- Le taux de multiplication est rapide et produit une année entière. Ainsi, il produit des milliers de plantes en un an, à partir d'un seul morceau de tissu.

- Le taux de multiplication diminue entre une collection d'arbres et la production de matériaux suffisants pour les essais sur le terrain.

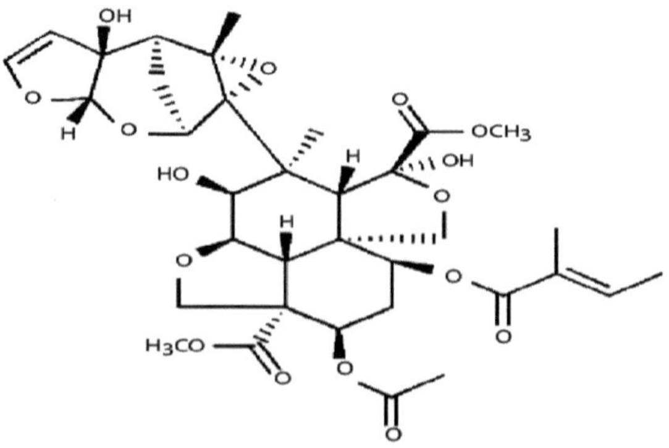

Figure 15Structure chimique de l'azadirachtine

Il s'agit donc d'une culture à partir de graines. Avec la technique de culture de cellules et de tissus végétaux, ces limitations seront maîtrisées et la fabrication de matériel clonal se fera rapidement. Pour la production continue des métabolites du margousier malgré la saison, une alternative a été proposée.

Tableau 3: Régénération dans les cultures de tissus d'Azadirachta indica

N° Sr.	Modes de propagation	Explant utilisé	Adultes/Juvéniles	Observations
1.	**Prolifération des pousses axillaires**	Segments nodaux	J A A	Pousses axillaires → Plantules Pousses axillaires → Plantules
		Apical & Pousse axillaire bourgeon	A	Pousses axillaires → Plantules
		Segments nodaux des branches de la couronne	A	Pousses axillaires → n'ont pas survécu
		Segments nodaux des pousses basales de la feuille		Pousses axillaires → Plantules
2.	**Production de triploïdes**	Immature endosperme	A	Callus→ Pousses→ Plantules
3.	**Culture de protoplastes**	Protoplaste	A	Division et multiplication des cellules

4.	**Embryogenèse somatique**	Racines Cotylédons	J	Pousses avancées→ Plantules
			J	Calli→ Embryons→ Pousses
				Calli→ Embryons→ Plantule

CONTRÔLE IN VITRO DANS LE MARGOUSIER

✓ Prolifération des pousses axillaires

La formation de la prolifération des pousses à l'aide des bourgeons axillaires est favorable lorsque les produits souhaités sont principalement des plantes clonales. Dans cette méthode, les segments nodaux sont très utiles. L'accès raisonnable à la propagation clonale est la micro-propagation par l'induction de tiges à partir de méristèmes déjà existants. Les cellules des méristèmes de l'apex sont toutes diploïdes et, dans des circonstances de culture spécifiques, montrent moins de changements génotypiques. Cela montre la conservation des propriétés de la source végétale.

Figure 16Bourgeons axillaires

Cela montre de nombreuses circonstances favorables par rapport aux méthodes conventionnelles.

⬇ Le taux de multiplication est rapide et produit toute l'année. Ainsi, il produit des milliers de plantes en un an, à partir d'un seul morceau de tissu.

⬇ Le taux de multiplication diminue entre les collectes d'arbres et la production de matériaux suffisants pour les essais sur le terrain.

✓ Prolifération des pousses adventices

Ce processus se déroule en plusieurs étapes et comprend des événements continus, ce que l'on appelle l'induction. La technique de micro-propagation par la pousse adventice se produit directement et indirectement en intervenant dans la phase du cal. L'approche devient moins favorable pour le clonage à grande échelle lorsque la régénération indirecte apparaît dans la variation somaclonale. Certains obstacles ont été causés par la représentation de nombreux génotypes et ils ont été liés à l'embryon zygotique immature. A ce stade, la prédiction des graines donnant naissance à un arbre d'élite pourrait être difficile. La technique de micro-propagation par le biais de novo de bourgeons de pousses est nettement plus favorable. Ici, l'explant initial ne sera pas considéré comme une condition limitante.

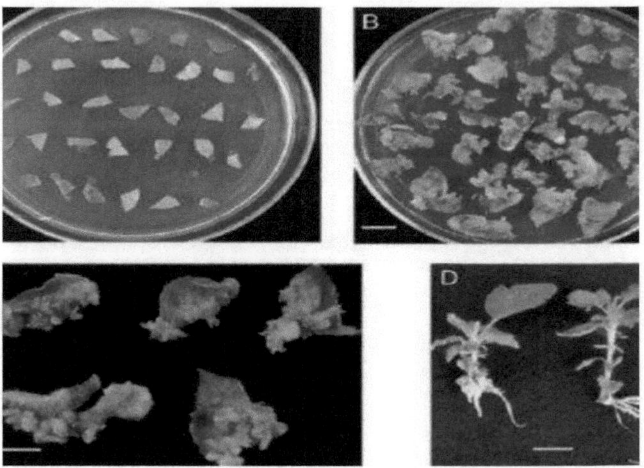

Figure 17Régénération de pousses à partir de feuilles cultivées

✓ Embryogenèse somatique

Dans les tissus, la régénération des plantes peut se faire par organogenèse ou par culture de tissus par embryogenèse somatique. Cette dernière présente de nombreuses propriétés avantageuses. L'origine de l'explant unicellulaire à partir d'embryons désire ces processus pour la transformation efficace des plantes. L'explant possède diverses cellules et tissus, mais seuls quelques-uns sont capables d'induction embryogénique. Le tissu est spécialisé pour l'embryogénèse et donne une réponse bien meilleure au traitement d'induction. De nombreux changements se produisent aux stades moléculaire et physiologique de l'explant. Par le traitement PGR, l'explant subit une reprogrammation.

Pour obtenir la réponse d'un embryon, le type d'explant peut être un facteur important. Le meilleur explant est considéré comme un embryon zygotique qui est dans un état immature. Ses aspects modernes montrent une embryogenèse somatique favorable. La zone de l'hypocotyle est considérée comme une alternative. Pour étudier le margousier, l'explant considérable est l'embryon zygotique immature qui a donné lieu à des réponses plus élevées d'embryogénèse en quelques jours seulement. Au stade des dicotylédones, l'embryon prématuré a montré son efficacité à induire des embryons somatiques. L'embryon zygotique qui était sous forme prématurée a été utilisé par les plantes pour obtenir une embryogenèse somatique comme Castana Sativa Mill. Les explants fonctionnent efficacement sur le plan métabolique et biochimique en raison de la disponibilité de l'ingrédient blanc laiteux que l'on trouve dans les cotylédons du margousier. Les néomorphes ont été déclarés différents du stade torpille.

Le neem est utilisé dans le monde entier et il est connu pour ses nombreux avantages. Cette plante est responsable de l'augmentation de l'économie du pays. Les scientifiques ont amélioré la valeur du neem par la culture et la technique des tissus végétaux. L'apparition d'embryons somatiques constitue le stade commun à de nombreuses autres techniques de culture de tissus. Elle est considérée comme très utile dans la recherche et l'industrie.

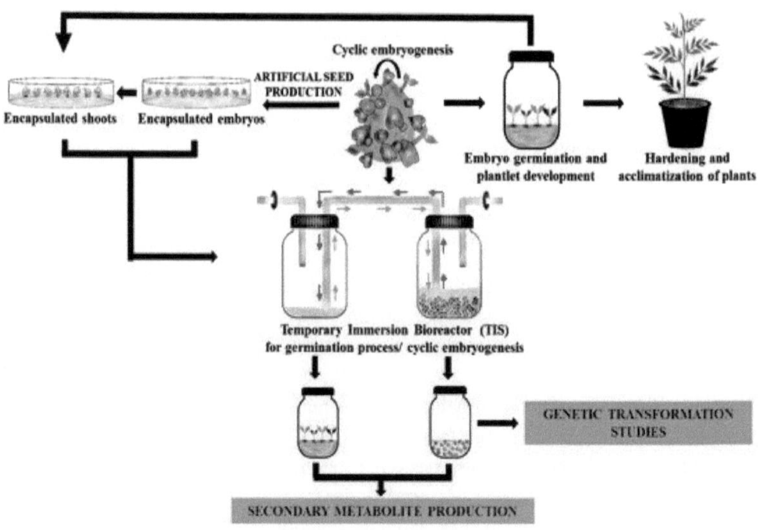

Figure 18Embryogenèse somatique chez Neem

✓ Production de triploïdes :

L'endosperme est considéré comme un tissu unique. Il est formé par une double fécondation mais il se transforme en un tissu informe. Lampe et Mills en 1933 ont essayé de développer un tissu d'endosperme. LaRue en 949 a développé la première culture tissulaire d'endosperme de maïs prématuré. Johri et Bhojwani ont déclaré avoir développé la première totipotence des cellules de l'endosperme. **Chaturvedi et al** rapporte la production de triploïdes à partir de l'endosperme de margousier.

La propriété de stérilité des graines se retrouve chez les plantes triploïdes. Mais il existe de nombreux cas où la stérilité des graines d'une triploïde favorise les circonstances. Les triploïdes sont utilisés commercialement dans des cultures comme les pommes, les bananes et les betteraves à sucre. L'azadirachtine est atteinte dans les noyaux. Ainsi, cela montre que les triploïdes choisis pour le tétratriterpénoïde pourraient ne pas être acceptables. La production de triploïdes par la réunion de tétraploïdes et de diploïdes supérieurs induits est une méthode conventionnelle. L'endosperme peut régénérer le pantalon, ce qui est nécessaire pour le margousier. Par la technique de micropropagation, les triploïdes spécifiques peuvent être réunis.

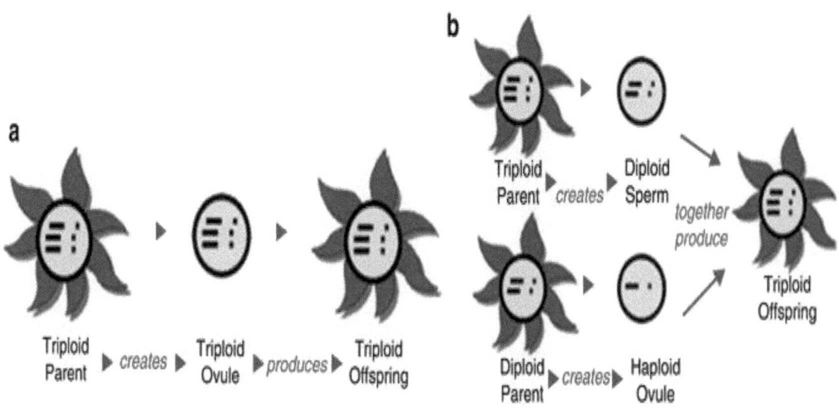

Figure 19Applications du triploïde

Transformation génétique

Grâce aux technologies avancées, les humains sont désormais capables de changer l'histoire de l'humanité. Avec l'aide du génie génétique, nous pouvons étudier tous les gènes des plantes. Cette méthode est bien meilleure que les méthodes conventionnelles car nous pouvons insérer le gène souhaité dans la plante. C'est ainsi que nous obtenons le produit souhaité de cette plante. De nombreuses modifications ont été apportées à la plante Neem jusqu'à présent. Des tumeurs ont été formées qui ont fait des pousses distinctes sur le milieu basal. Elles ont été développées à partir de semis infectés par des tumeurs d'Agrobacterium. Les pousses produites par le processus ont formé de l'octopine et se sont révélées résistantes à la kanamycine et ont formé des racines velues à partir d'explants de tige et de margousier. Cette étude s'est concentrée sur l'inspection de la fabrication de composés anti-alimentation d'insectes, en particulier dans le margousier.

Les cultures de racines se développent à un rythme extrêmement rapide et la biomasse a été multipliée par 100 en 4 semaines. Un résultat distinctif a été montré contre le *Schistocerca gregaria*. Dans une autre observation, les semis ont été contaminés avec Agrobacterium rhizogenes pour obtenir des racines ciliées. Les effets sur diverses cultures ont également été étudiés. Différents types de milieux ont été testés et le milieu basal d'Ohyama et Nitsch a développé un grand nombre d'azadirachtine (0,017% DCW).

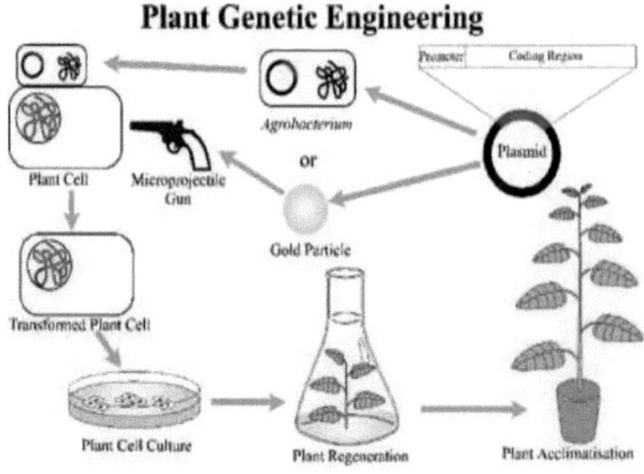

Figure 20Diagramme schématique de la transformation génétique des plantes

La force économique du Neem

Grâce à ses grandes propriétés, le margousier prend de la valeur de jour en jour. Sa demande a augmenté dans des domaines comme l'agriculture, les cosmétiques et de nombreuses autres industries. L'huile de neem est utilisée pour des produits comme les crèmes pour le visage et les savons, etc. L'huile et les pesticides à base de neem se vendent comme des petits pains dans le secteur agricole en raison de leur caractère écologique. En appliquant l'urée avec le neem, on réduit la perte d'azote. Un pays comme l'Inde réduit ses subventions à 6500 Rs crore, juste en produisant de l'urée à 100% de neem. Les pays africains, le Pakistan et l'Inde s'enrichissent de ce miracle. Avec l'aide de connaissances et d'investissements appropriés, ils peuvent augmenter leur économie de manière significative.

Avantages économiques du neem

Le margousier est en train d'acquérir de l'importance en raison de sa large commercialisation dans les secteurs de l'agroalimentaire, de la médecine vétérinaire, des produits de beauté, des médicaments, des produits de toilette et autres. Le margousier est en train de devenir un produit courant dans les produits de beauté et les produits d'excellence. Quelques organisations utilisent actuellement des produits à base de Neem (huile et feuilles de Neem) pour créer des produits de soins de beauté tels que des crèmes pour le visage, des vernis à ongles, des huiles pour les ongles, des shampooings, des après-shampooings, etc. L'intérêt pour les produits à base de Neem augmente progressivement. Le secteur agroalimentaire est en train de devenir un acheteur important de produits à base de margousier, à savoir l'huile de margousier, le gâteau de margousier et les pesticides à base de margousier. Étant donné qu'il s'agit d'un produit écologique et d'une source régulière de substances phyto-synthétiques et de suppléments, on aime appliquer les excréments et les pesticides à base de neem dans l'horticulture, en particulier dans les cultures naturelles. La couverture de l'urée par des articles de Neem a été proposée pour limiter les inconvénients de l'azote. Le législateur indien a récemment autorisé les entreprises de compostage à fournir de l'urée enrobée de Neem à 100 % - une mesure qui vise à aider les éleveurs à augmenter leurs revenus et à réduire la facture de dotation jusqu'à 6 500 milliards de roupies. La législature indienne a supprimé le plafond sur l'urée enrobée de neem et il est maintenant possible de la livrer à 100%. Il s'agit d'un succès et d'une situation gagnante pour chacune des parties principales dans le domaine - l'entreprise, les éleveurs et les agences d'assortiment de graines de Neem.

Les pays comme l'Inde et de nombreuses nations africaines possédant un nombre énorme de margousiers sont les principales sources d'aliments à base de margousier cultivés dans le sol. En cas de promotion d'une gestion commerciale et d'un service d'agro-rangement incluant le neem, le potentiel augmente complètement, avec des externalités positives et énormes pour les pesticides, les engrais, les animaux domestiques, l'élevage laitier et d'autres produits à valeur ajoutée.

Le margousier peut éventuellement aider les petits éleveurs de l'Inde provinciale, de l'Afrique et de l'Amérique latine. Les éleveurs, qui ont des ressources limitées, peuvent bénéficier du neem à de nombreux égards. Le développement du margousier et la préparation des produits à base de margousier offrent des débouchés commerciaux et financiers très intéressants, dont certains sont concevables de manière décentralisée sur la base de petites entreprises. La plupart des pays non-industriels ont des régions énormes sous des motifs négligeables avec une faible efficacité. Comme le margousier peut être utilisé de diverses manières, sa récolte sur des terres périphériques peut apporter une contribution essentielle aux économies rurales.

Les impulsions pour l'assortiment de graines de margousier en ce qui concerne les facteurs réels monétaires actuels devraient être renforcées parallèlement à des améliorations hiérarchiques pour la publicité des graines de margousier. Pour comprendre ce potentiel, il est nécessaire de disposer de sources d'information monétaires faisant autorité et d'une stratégie de coordination du margousier dans le système des stratégies agroalimentaires, provinciales et des petites entreprises. Un stock satisfaisant de graines de margousier de bonne qualité dans une conception idéale est essentiel pour la réussite commerciale du margousier. En Inde, des bureaux existent déjà pour l'extraction de l'huile des graines de margousier. Il est possible d'utiliser les anciens bureaux pour obtenir des concentrations importantes. Néanmoins, comme pour l'extraction de l'huile, pour obtenir des concentrés dynamiques de Neem de grande qualité, la méthodologie d'extraction doit répondre à des attentes élevées. Il convient de prendre en considération le traitement des graines à différents stades, notamment l'acquisition, le séchage et la capacité.

L'avenir du margousier

Aujourd'hui, le plus grand défi de l'agriculture est de produire de la nourriture pour des milliards de personnes. Les scientifiques s'efforcent d'éliminer la faim dans le monde sans endommager la nature. Pour contrôler les pesticides, différents types de produits chimiques sont utilisés, ce qui augmente la pollution de l'environnement. L'utilisation de l'huile de neem a été discutée pour la production d'une agriculture et d'un environnement sains.

L'introduction du neem dans le secteur agricole n'est pas une première. En Inde, l'extraction du neem est utilisée pour les pesticides. Selon les chercheurs, il a été prouvé que le neem est sans danger pour les travailleurs et qu'il peut être utilisé toute l'année. Le neem a été déclaré agent d'amélioration des sols et des cultures. Les matériaux organiques et inorganiques présents dans les composés améliorent la qualité et la quantité des cultures. L'urée est considérée comme le besoin fondamental d'engrais azotés et est utilisée dans le monde entier pour les cultures. Le neem freine la nitrification, ce qui permet de ralentir l'activité bactérienne. C'est ainsi que l'urée est conservée dans le sol. Ces propriétés rendent le neem durable et les cultures sont exemptes de produits agrochimiques. Cette technique permet de résoudre le problème de la production du sol, mais il y a tout de même quelques conditions à respecter pour les agriculteurs.

La lutte biologique peut être définie comme l'activité des agents naturels qui protègent les cultures des agents nuisibles qui les endommagent. Ils ont été reconnus lorsque les Chinois ont utilisé les fourmis pour maintenir les parasites autour des agrumes au 3ème siècle. L'huile de neem a été largement utilisée pour lutter contre les parasites. Ces produits naturels sont en quelque sorte considérés comme plus sûrs pour la gestion des parasites, mais ils doivent être évalués dans le cadre de la lutte intégrée. Une expérience a été faite pour évaluer l'efficacité des produits à base de neem. Les colonies de Beauveria bassiana et Lecanicillium lecanii étaient compatibles avec de nombreux autres produits.

Avec les progrès de la technologie, le nouveau domaine émergent des nanotechnologies agit comme un nouvel équipement dans le secteur de l'agriculture. Le système nanotechnologique peut améliorer l'efficacité des ingrédients actifs en encapsulant les produits agrochimiques. Cela réduit la toxicité dans l'environnement. Cela réduit également la volatilisation et le photoblanchiment, etc. L'utilisation de nanoparticules permet d'améliorer la conservation de l'huile de margousier, ce qui se traduit par une continuité dans la lutte contre les parasites. L'utilisation de nanoparticules permet d'améliorer la conservation de l'huile de margousier, ce qui a pour effet d'assurer la continuité de l'action sur la cible des parasites. Ces défis nécessitent les solutions suivantes.

- Suivi de l'utilisation des nanoparticules dans le secteur agricole
- Nanoformulations évolutives
- Une étude complète des nano-pesticides
- Évaluation de la toxicité pour les espèces non ciblées

Figure 21Importance du Neem

Références

1. Sangeetha. (2020, 26 novembre). *Avantages et utilisations de l'huile de NEEM*. The Little Shine. https://thelittleshine.com/neem-oil-benefits-uses/.
2. *Brevet sur le neem*. Fondation Neem. (2017, 7 juillet). https://neemfoundation.org/about-neem/patent-on-neem/.
3. Sangeetha. (2020). *Avantages et utilisations de l'huile de NEEM*. The Little Shine. https://thelittleshine.com/neem-oil-benefits-uses/.

4. "Azadirachta indica". Réseau d'information sur les ressources en germoplasme (GRIN). Service de recherche agricole (ARS), Département de l'agriculture des États-Unis (USDA). Consulté le 9 juin 2017.
5. Bakshi, B.K. (1976). Forest Pathology : Principes et pratique de la foresterie. Controller of Publications, Delhi.
6. Sidhu, O. P. ; Kumar, Vishal ; Behl, Hari M. (15 janvier 2003). "Variabilité du margousier (Azadirachta indica) en ce qui concerne le contenu en azadirachtine". Journal of Agricultural and Food Chemistry. 51 (4) : 910–915.
7. Narnoliya, L. K., Rajakani, R., Sangwan, N. S., Gupta, V. et Sangwan, R. S. (2014). Profilage comparatif des transcripts du mésocarpe et de l'endocarpe des fruits pertinents pour le métabolisme secondaire par hybridation soustractive de suppression chez Azadirachta indica (margousier). Rapports de biologie moléculaire, 41(5), 3147-3162.
8. Srivastava, Smita ; Srivastava, Ashok K. (17 août 2013). "Production du biopesticide Azadirachtin par la culture de racines velues d'Azadirachta indica dans des bioréacteurs à phase liquide". Biochimie appliquée et biotechnologie. 171 (6) : 1351–1361.
9. Prakash, Gunjan ; Bhojwani, Sant S. ; Srivastava, Ashok K. (1 août 2002). "Production d'azadirachtine à partir de la culture de tissus végétaux : State of the art and future prospects". Biotechnologie et ingénierie des bioprocédés. 7 (4) : 185–193.
10. Schmutterer, H., K.R.S. Ascher, et H. Rembold, eds. (1981). Natural Pesticides from the Neem Tree (Azadirachta indica A.Juss.).
11. Schmutterer, H. et K.R.S. Ascher, eds. (1984). Natural Pesticidesfrom the Neem Tree (Azadirachta indica A. Juss.) and Other Tropical Plants.
12. Ahmed, S. Sous presse. Le margousier (Azadirachta indica) pour la lutte contre les parasites et le développement rural en Asie et dans le Pacifique. Session spéciale sur le neem du 17e Congrès scientifique du Pacifique, 27 mai au 2 juin 1991.
13. Benge, M.1986. Neem : The Cornucopia Tree. S&T/FENR Agro-Forestation Technical Series No. 5. Agence pour le développement international, Washington, D.C.
14. Jacobson, M., ed. 1988. 1988 Focus on Phytochemical Pesticides : Volume 1, the Neem Tree.CRC Press, Inc. et Boca Raton, Florida, USA.
15. Schmutterer, H.1990. Observations sur les ravageurs d'Azadirachta indica (margousier) et de certaines espèces de Melia. Journal of Applied Entomology 109:390-400.
16. Sanguanpong, U. et H. Schmutterer. Sous presse. Essais en laboratoire sur les effets de l'huile de neem et des extraits de graines de neem contre le tétranyque à deux

points Tetranychus urticae Koch. Zeitschrift für Pflanzenkrankheiten und Pflanzenschutz.

17. Schmutterer, H.1984. La recherche sur le margousier en République fédérale d'Allemagne depuis la première conférence internationale sur le margousier.

18. Singh KK. (Ed.). Neem, a treatise. IK International Pvt. Ltd 2009,488.

19. Stoll, G.1986. Natural Crop Protection, Based on Local Resources in the Tropics.Josef Margraf, Publisher, Aichtal, Germany. 186 pages.

20. Saxena, R.C.1989. Insecticides issus du margousier. Pages 110-135 dans Arnason et al. 1988.

21. Badam, L., R.P. Deolankar, M.M. Kulkarni, B.A. Nagsampgi, et U.V. Wagh. 1987. In vitro antimalarial activity of neem (Azadirachta indica A. Juss) leaf and seed extracts. Indian Journal of Malariology24:11 1-117.

22. Elvin-Lewis, M.1980. Plantes utilisées pour le nettoyage des dents dans le monde entier. Journal of Preventive Dentistry6:61-70.

23. Nath, K., D.K. Agrawal, Q.Z. Hasan, S.J. Daniel, et V.R.B. Sastry. 1989. Water-washed neem (Azadirachta indica) seed kernel cake in the feeding of milch cows. Animal Production48:497-502.

24. Patel, R.P. et B.M. Trivedi. 1962. L'activité antibactérienne in-vitro de certaines huiles médicinales. Indian Journal of Medical Research50:218-222.

25. Anderson, D.M.W., A. Hendrie, et A.C. Munro. 1972. La composition en acides aminés de certaines gommes végétales. Phytochemistry11:579-580.

26. Radwanski, S.A. et G.E. Wickens. 1981. Jachères végétatives et valeur potentielle du margousier (Azadirachta indica) sous les tropiques. Economic Botany35(4):398-414.

27. Sarkar, M.S. et P.C. Datta. 1986. Biosynthèse du bêta sitostérol en culture in-vitro de tissus de cotylédons d'Azadirachta indica. Indian Drugs 23 (8).

28. Ahmed, S., S. Bamofleh, et M. Munshi. 1989. Culture du margousier (Azadirachta indica, Meliaceae) en Arabie Saoudite. Economic Botany 43:35-38.

29. Ahmed, S.1990. Symposium sur les ressources naturelles pour une agriculture durable, actes d'une réunion, New Delhi, 6-10 février 1990, éd. R.P. Singh. Société indienne d'agronomie, New Delhi.

30. Allan EJ, Eeswara JP, Jarvis AP, Mordue (Luntz) AJ, Morgan ED, Stuchbury T. 2002. Induction de cultures de racines velues d'Azadirachta indica A. Juss. And their production of azadirachtin and other important insect bioactive metabolites. Plant Cell Rep. 21 : 374-379

31. Satdive RK, Fulzele DP, Eapen S. 2007. Enhanced production of azadirachtin by hairy root cultures of Azadirachta indica A. Juss by elicitation and media optimization. J Biotechnol. 128 (2) : 281-289

32. Jalaluddin M, Rajasekaran UB, Paul S, Dhanya RS, Sudeep CB, Adarsh VJ. Évaluation comparative du bain de bouche au margousier sur la plaque dentaire et la gingivite : une étude croisée en double aveugle. J Contemp Dent Pract. 2017 ; 18(7):567-571. doi:10.5005/jp-journals-10024-2085.

33. Bansal V, Gupta M, Bhaduri T, Shaikh SA, Sayed FR, Bansal V, Agrawal A. Évaluation de l'efficacité antimicrobienne des extraits de neem et de clou de girofle contre Streptococcus mutans et Candida albicans : une étude in vitro. Niger Med J. 2019 ; 60(6):285-289. doi:10.4103/nmj.NMJ_20_19.

34. Thengane S, Joshi M, Mascarenhas AF. 1995. Embryogenèse somatique chez le margousier (Azadirachta indica). In : Jain SM, Gupta P, Newton R, éditeurs.

Embryogenèse somatique chez les plantes ligneuses. Vol. II. Important Selected Plants. Dordrecht : Kluwer Academic Publishers, pp. 357-37

35. Ermel K, Pahlich E, Schmutterer H. 1984. Comparaison de la teneur en azadirachtine de graines de margousier provenant d'écotypes d'origine asiatique et africaine. In : Proc. 2nd Int. Neem Conf., Rauischholzhausen, pp. 91-93.

36. Ermel K, Pahlich E, Schmutterer H. 1987 Teneur en azadirachtine des noyaux de margousier provenant de différents lieux géographiques, et sa dépendance à la température, à l'humidité relative et à la lumière. In : Proc. 3rd Int. Neem Conf., Nairobi, pp. 171-184.

37. Ermel K. 1995. Teneur en azadirachtine des noyaux de graines de margousier de différentes régions du monde. In : Schmutterer H, éditeur. L'arbre Neem : Source of Unique Natural Products for Integrated Pest Management, Medicine, Industry and Other Purposes. Weinheim : VCH, pp. 222-230

38. Dogra PD, Thapliyal RC. 1996. Ressources génétiques et potentiel de sélection, In : Randhawa NS, Parmar BS, éditeurs. Neem. New Delhi : New Age International Pvt. Ltd, p. 27-32.

39. Mohan Ram HY, Nair MNB. 1996. Botanique, In : Randhawa NS, Parmar BS, éditeurs, Neem. New Delhi : New Age International Pvt. Ltd, p. 6-26.

40. Allan EJ, Eeswara JP, Jarvis AP, Mordue (Luntz) AJ, Morgan ED, Stuchbury T. 2002. Induction of hairy root cultures of Azadirachta indica A. Juss. and their production of azadirachtin and other important insect bioactive metabolites. Plant Cell Rep. 21 : 374-379

41. Rao KS, Venkateswara R. 1985. Culture de tissus d'arbres forestiers : Multiplication clonale d'Eucalyptus grandis L. Plant Sci. 40 : 51-55

42. Marcotrigiano M, Jagannathan L. 1988. Paulownia tomentosa Steud. 'Somaclonal Snowstorm'. Hort Sci. 23 : 226-227.

43. Chaturvedi R, Razdan MK, Bhojwani SS (2004) Morphogenèse in vitro dans l'embryon zygotique.

44. Rout GR (2005) Embryogenèse somatique in vitro dans des cultures de cals d'Azadirachta indica A. Juss- un arbre à usages multiples. J For Res 10:263-26

45. Sezgin M, Dumanoğlu H (2014) Embryogenèse somatique et régénération végétale à partir de cotylédons immatures de châtaignier européen (Castanea sativa Mill.). In Vitro Cell Dev Biol Plant 50:58-68

46. Gairi A, Rashid A (2004) TDZ-induced somatic embryogenesis in non-responsive caryopses of Rice using a short treatment with 2, 4-D. Plant Cell Tiss Organ Cult 76:29-33

47. Gairi A, Rashid A (2005) Différenciation directe d'embryons somatiques sur des cotylédons d'Azadirachta indica. Biol Plantarum 49:169-173

48. Chaturvedi R, Razdan MK, Bhojwani SS (2004) Morphogenèse in vitro dans les cultures d'embryons zygotiques de margousier (Azadirachta indica A. Juss.). Plant Cell Rep 22:801-809

49. Bhojwani SS, Razdan MK. 1996. Plant Tissue Culture : Theory and Practice. Amsterdam : Elsevier, pp. 502

50. Chaturvedi R. 2003. Isolation et culture de protoplastes de cals de Neem (Azadirachta indica A. Juss.). Phytomorphologie 53 : 57-61.

51. Elliott FC. 1958. Plant Breeding et Cytogenetic. McGraw-Hill, NewYork, USA.

52. Naina NS, Gupta PK, Mascarenhas AF. 1989. Transformation génétique et régénération de plantes transgéniques de margousier (Azadirachta indica) à l'aide d'Agrobacterium tumefaciens. Curr Sci. 58 : 184-187

53. Nunes P. X., Silva S. F., Guedes R. J., Almeida S. Phytochemicals as Nutraceuticals-Global Approaches to Their Role in Nutrition and Health. InTech ; 2012. Oxydations biologiques et activité antioxydante des produits naturels.

54. Rahmani A. H., Aly S. M. Nigella sativa and its active constituent's thymoquinone shows pivotal role in the diseases prevention and treatment. Asian Journal of Pharmaceutical and Clinical Research. 2015;8(1):48–53.

55. Ghimeray A. K., Jin C. W., Ghimire B. K., Cho D. H. Activité antioxydante et estimation quantitative de l'azadirachtine et de la nimbine dans Azadirachta indica A. Juss cultivé dans les contreforts du Népal. Journal africain de biotechnologie. 2009;8(13):3084–3091.

56. Sithisarn P., Supabphol R., Gritsanapan W. Activité antioxydante du margousier du Siam (VP 1209) Journal of Ethnopharmacology. 2005;99(1):109-112. doi : 10.1016/j.jep.2005.02.008.

57. Priyadarsini R. V., Manikandan P., Kumar G. H., Nagini S. Les limonoïdes du margousier, l'azadirachtine et le nimbolide, inhibent la carcinogenèse de la poche de la joue du hamster en modulant les enzymes métabolisant les xénobiotiques, les dommages à l'ADN, les antioxydants, l'invasion et l'angiogenèse. Recherche sur les radicaux libres. 2009;43(5):492-504. doi : 10.1080/10715760902870637.

58. Nahak G., Sahu R. K. Evaluation de l'activité antioxydante de l'huile de fleurs et de graines d'Azadirachta indica A. juss. Journal of Applied and Natural Science. 2011;3(1):78–81.

59. Kiranmai M., Kumar M., Ibrahim M. Activité de piégeage des radicaux libres d'un extrait d'écorce de racine de margousier (Azadirachta indica A. Juss Var., Meliaceae). Asian Journal of Pharmaceutical and Clinical Research. 2011 ; 4:134–136.

60. Sithisarn P., Supabphol R., Gritsanapan W. Activité antioxydante du margousier du Siam (VP1209) Journal of Ethnopharmacology. 2005;99(1):109-112. doi : 10.1016/j.jep.2005.02.008.

61. Rahmani A. H., Alzohairy M. A., Khan M. A., Aly S. M. Implications thérapeutiques de la graine noire et de son constituant la thymoquinone dans la prévention du cancer par l'inactivation et l'activation des voies moléculaires. Médecine complémentaire et alternative fondée sur des données probantes. 2014 ; 2014:13. doi : 10.1155/2014/724658.724658

62. Le Marchand L. Effets préventifs des flavonoïdes sur le cancer - une revue. Biomédecine et Pharmacothérapie. 2002 ; 56(6):296-301. doi : 10.1016/s0753-3322(02)00186-5.

63. Kumar G. H., Vidya Priyadarsini R., Vinothini G., Vidjaya Letchoumy P., Nagini S. Les limonoïdes du margousier, l'azadirachtine et le nimbolide, inhibent la prolifération cellulaire et induisent l'apoptose dans un modèle animal d'oncogenèse orale. Investigational New Drugs. 2010 ; 28(4):392-401. doi : 10.1007/s10637-009-9263-3

64. Harish Kumar G., Chandra Mohan K. V. P., Jagannadha Rao A., Nagini S. Nimbolide a limonoid from Azadirachta indica inhibe la prolifération et induit l'apoptose des

cellules du choriocarcinome humain (BeWo). Nouveaux médicaments expérimentaux. 2009 ; 27(3):246-252. doi : 10.1007/s10637-008-9170-z

65. Arumugam A., Agullo P., Boopalan T., et al. Neem leaf extract inhibits mammary carcinogenesis by altering cell proliferation, apoptosis, and angiogenesis. Biologie et thérapie du cancer. 2014 ; 15(1):26-34. doi : 10.4161/cbt.26604

66. Subapriya R., Kumaraguruparan R., Nagini S. Expression de PCNA, cytokératine, Bcl-2 et p53 pendant la chimioprévention de la carcinogenèse de la poche buccale du hamster par l'extrait éthanolique de feuilles de neem (Azadirachta indica). Biochimie clinique. 2006 ; 39(11):1080-1087. doi : 10.1016/j.clinbiochem.2006.06.013

67. Subapriya R., Bhuvaneswari V., Nagini S. Ethanolic neem (Azadirachta indica) leaf extract induces apoptosis in the hamster buccal pouch carcinogenesis model by modulation of Bcl-2, Bim, caspase 8 and caspase 3. Asian Pacific Journal of Cancer Prevention. 2005 ; 6(4):515–520.

68. Cohen E., Quistad G. B., Casida J. E. Cytotoxicité du nimbolide, de l'époxyazadiradione et d'autres limonoïdes de l'insecticide neem. Sciences de la vie. 1996 ; 58(13):1075-1081. doi : 10.1016/0024-3205(96)00061-6.

69. Gupta S. C., Reuter S., Phromnoi K., et al. Le nimbolide sensibilise les cellules cancéreuses du côlon humain à TRAIL par le biais d'une régulation à la hausse des récepteurs de la mort, de p53 et de Bax dépendante des espèces réactives de l'oxygène et de ERK. The Journal of Biological Chemistry. 2011 ; 286(2):1134–1146.

70. Li J., Yen C., Liaw D., et al. PTEN, un gène de protéine tyrosine phosphatase putatif muté dans le cerveau humain, le sein et le cancer de la prostate. Science. 1997 ; 275(5308):1943–1947.

71. Khan S., Kumagai T., Vora J., et al. Le promoteur PTEN est méthylé dans une proportion de cancers du sein invasifs. Journal international du cancer. 2004 ; 112(3):407–410.

72. Othman F., Motalleb G., Lam Tsuey Peng S., Rahmat A., Basri R., Pei Pei C. Effet de l'extrait de feuille de margousier (Azadirachta indica) sur l'expression de l'oncogène c-Myc dans les cellules cancéreuses du sein 4T1 des souris BALB/c. Cell Journal. 2012 ; 14(1):53–60.

73. Chattopadhyay R. R. Possible biochemical mode of anti-inflammatory action of Azadirachta indica A. Juss. In rats. Indian Journal of Experimental Biology. 1998 ; 36(4):418–420.

74. Mosaddek A. S. M., Rashid M. M. U. Une étude comparative de l'effet anti-inflammatoire de l'extrait aqueux de la feuille de margousier et de la dexaméthasone. Journal de pharmacologie du Bangladesh. 2008 ; 3(1):44-47. doi : 10.3329/bjp.v3i1.836

75. Kaur G., Sarwar Alam M., Athar M. La nimbidine supprime les fonctions des macrophages et des neutrophiles : pertinence de ses mécanismes anti-inflammatoires. Recherche en phytothérapie. 2004 ; 18(5):419-424. doi : 10.1002/ptr.1474.

76. Arora N., Koul A., Bansal M. P. Activité chimiopréventive d'Azadirachta indica sur la carcinogenèse cutanée en deux étapes dans un modèle murin. Recherche en phytothérapie. 2011 ; 25(3):408-416. doi : 10.1002/ptr.3280.

77. Biswas K., Chattopadhyay I., Banerjee R. K., Bandyopadhyay U. Activités biologiques et propriétés médicinales du Neem (Azadirachta indica) Current Science. 2002;82(11):1336–1345

78. Kumar S., Agrawal D., Patnaik J., Patnaik S. Effet analgésique de l'huile de graines de neem (Azadirachta indica) sur des rats albinos. International Journal of Pharma and Bio Sciences. 2012;3(2):P222-P225

79. Ghonmode W. N., Balsaraf O. D., Tambe V. H., Saujanya K. P., Patil A. K., Kakde D. D. Comparaison de l'efficacité antibactérienne des extraits de feuilles de neem, des extraits de pépins de raisin et de l'hypochlorite de sodium à 3 % contre E. feacalis - une étude in vitro. Journal de la santé bucco-dentaire internationale. 2013 ; 5(6):61–66.

80. Mahfuzul Hoque M. D., Bari M. L., Inatsu Y., Juneja V. K., Kawamoto S. Antibacterial activity of guava (Psidium guajava L.) and neem (Azadirachta indica A. Juss.) extracts against foodborne pathogens and spoilage bacteria. Pathogènes et maladies d'origine alimentaire. 2007 ; 4(4):481-488. doi : 10.1089/fpd.2007.0040.

81. Yerima M. B., Jodi S. M., Oyinbo K., Maishanu H. M., Farouq A. A., Junaidu A. U. Effet des extraits de neem (Azadirachta indica) sur les bactéries isolées de la bouche des adultes. Journal of Basic and Applied Sciences. 2012 ; 20:64–67.

82. Tiwari V., Darmani N. A., Yue B. Y. J. T., Shukla D. Activité antivirale in vitro d'un extrait d'écorce de margousier (Azardirachta indica L.) contre l'infection par le virus herpès simplex de type 1. Recherche en phytothérapie. 2010 ; 24(8):1132-1140. doi : 10.1002/ptr.3085.

83. Badam L., Joshi S. P., Bedekar S. S. Activité antivirale "in vitro" d'un extrait de feuilles de neem (Azadirachta indica. A. Juss) contre les coxsackievirus du groupe B. Journal of Communicable Diseases. 1999;31(2):79–90.

84. Mondali N. K., Mojumdar A., Chatterje S. K., Banerjee A., Datta J. K., Gupta S. Antifungal activities and chemical characterization of Neem leaf extracts on the growth of some selected fungal species in vitro culture medium. Journal of Applied Sciences and Environmental Management. 2009;13(1):49–53

85. Anjali K., Ritesh K., Sudarshan M., Jaipal S. C., Kumar S. Antifungal efficacy of aqueous extracts of neem cake, karanj cake and vermicompost against some phytopathogenic fungi. Le Bioscan. 2013 ; 8:671–674.

86. Shrivastava D. K., Swarnkar K. Activité antifongique de l'extrait de feuille de neem (Azadirachta indica Linn) International Journal of Current Microbiology and Applied Sciences. 2014;3(5):305-308 Natarajan V., Venugopal P. V., Menon T. Effet d'Azadirachta indica (Neem) sur le modèle de croissance des dermatophytes. Indian Journal of Medical Microbiology. 2003 ; 21(2):98–101.

87. Lloyd C. A. C., Menon T., Umamaheshwari K. Activité anticandidale d'Azadirachta indica. Indian Journal of Pharmacology. 2005 ; 37(6):386-389. doi : 10.4103/0253-7613.19076.

88. Amadioha A. C., Obi V. I. Fungitoxic activity of extracts from Azadirachta indica and Xylopia aethiopica on Colletotrichum lindemuthianum in cowpea. Journal of Herbs, Spices and Medicinal Plants. 1998 ; 6(2):33-40. doi : 10.1300/j044v06n02_04. Jabeen K., Hanif S., Naz S., Iqbal S. Activité antifongique d'Azadirachta indica contre Alternaria solani. Journal des sciences et technologies de la vie. 2013;1(1):89-93. doi : 10.12720/jolst.1.1.89-93.

89. Dholi S. K., Raparla R., Mankala S. K., Nagappan K. Évaluation antidiabétique invivo de l'extrait de feuille de Neem chez les rats induits par l'alloxan. Journal of Applied Pharmaceutical Science. 2011;1(4):100–105.

90. Joshi B. N., Bhat M., Kothiwale S. K., Tirmale A. R., Bhargava S. Y. Propriétés antidiabétiques d'Azardiracta indica et de Bougainvillea spectabilis : Études in vivo dans un modèle de diabète murin. Evidence-Based Complementary and Alternative Medicine. 2011;2011:9. doi : 10.1093/ecam/nep033.561625

91. Akter R., Mahabub-Uz-Zaman M., Rahman M. S., et al. Comparative studies on antidiabetic effect with phytochemical screening of Azadirachta indicia and Andrographis paniculata . IOSR Journal of Pharmacy and Biological Sciences. 2013;5(2):122-128. doi : 10.9790/3008-052122128.

92. Chatterjee A., Saluja M., Singh N., Kandwal A. To evaluate the antigingivitis and antipalque effect of an Azadirachta indica (neem) mouthrinse on plaque induced gingivitis : a double-blind, randomized, controlled trial. Journal de la société indienne de parodontologie. 2011;15(4):398-401. doi : 10.4103/0972-124x.92578.

93. Lekshmi N. C. J. P., Sowmia N., Viveka S., Brindha Jr., Jeeva S. The inhibiting effect of Azadirachta indica against dental pathogens. Asian Journal of Plant Science and Research. 2012;2(1):6–10

94. Chava V. R., Manjunath S. M., Rajanikanth A. V., Sridevi N. The efficacy of neem extract on four microorganisms responsible for causing dental caries viz Streptococcus mutans, Streptococcus salivarius, Streptococcus mitis and Streptococcus sanguis : an in vitro study. Journal of Contemporary Dental Practice. 2012;13(6):769-772. doi : 10.5005/jp-journals-10024-122.

95. kin-Osanaiya B. C., Nok A. J., Ibrahim S., et al. Antimalarial effect of Neem leaf and Neem stem bark extracts on plasmodium berghei infected in the pathology and treatment of malaria. Journal international de recherche en biochimie et biophysique. 2013;3(1):7–14.

96. Mulla M. S., Su T. Activity and biological effects of neem products against arthropods of medical and veterinary importance. Journal of the American Mosquito Control Association. 1999;15(2):133–152

97. Dhar R., Dawar H., Garg S., Basir S. F., Talwar G. P. Effect of volatiles from neem and other natural products on gonotrophic cycle and oviposition of Anopheles stephensi and An. culicifacies (Diptera : Culicidae) Journal of Medical Entomology. 1996 ; 33(2):195-201. doi : 10.1093/jmedent/33.2.195.

98. Nathan S. S., Kalaivani K., Murugan K. Effets des limonoïdes du neem sur le vecteur de la malaria Anopheles stephensi Liston (Diptera : Culicidae) Acta Tropica. 2005;96(1):47-55. doi : 10.1016/j.actatropica.2005.07.002

99. Ofusori D. A., Falana B. A., Ofusori A. E., Abayomi T. A., Ajayi S. A., Ojo G. B. Gastroprotective effect of aqueous extract of neem Azadirachta indica on induced gastric lesion in rats. International Journal of Biological and Medical Research. 2010;1:219–222

100. Barua C. C., Talukdar A., Barua A. G., Chakraborty A., Sarma R. K., Bora R. S. Evaluation de l'activité de cicatrisation des extraits méthanoliques d'Azadirachta Indica (Neem) et de Tinospora cordifolia (Guduchi) chez les rats. Pharmacologyonline. 2010 ; 1:70–77.

101. Osunwoke Emeka A., Olotu Emamoke J., Allison Theodore A., Onyekwere Julius C. The wound healing effects of aqueous leave extracts of azadirachta indica on wistar rats. Journal des sciences naturelles et de la recherche. 2013;3(6)

yes I want morebooks!

Buy your books fast and straightforward online - at one of world's fastest growing online book stores! Environmentally sound due to Print-on-Demand technologies.

Buy your books online at
www.morebooks.shop

Achetez vos livres en ligne, vite et bien, sur l'une des librairies en ligne les plus performantes au monde!
En protégeant nos ressources et notre environnement grâce à l'impression à la demande.

La librairie en ligne pour acheter plus vite
www.morebooks.shop

KS OmniScriptum Publishing
Brivibas gatve 197
LV-1039 Riga, Latvia
Telefax: +371 686 204 55

info@omniscriptum.com
www.omniscriptum.com

Printed by Books on Demand GmbH, Norderstedt / Germany